# 鲁棒优化导论与应用

黄永伟/著

科学出版社

北京

## 内容简介

本书深入地阐述了鲁棒优化理论与方法，并给出了它们在金融工程与信号处理中的应用。本书共 6 章，内容包括鲁棒优化简介，鲁棒线性不等式约束的等价凸表示及其应用，鲁棒最小二乘问题的等价形式与应用，线性概率约束的内部逼近，实变量与复变量的 $S$ 引理及鲁棒二次矩阵不等式，$S$ 引理的变形，鲁棒二阶锥约束，鲁棒线性矩阵不等式及应用，等等。本书取材新颖，实际应用例子丰富，涵盖了部分国内外鲁棒优化及应用的最新研究成果与进展，以及作者在该领域所取得的科研成果。

本书可供从事优化理论与算法、信号处理、金融工程及相关技术研究的科研工作者，以及相关的高校教师与研究生参考阅读。

**图书在版编目(CIP)数据**

鲁棒优化导论与应用/黄永伟著. —北京：科学出版社，2021.9
ISBN 978-7-03-069331-0

Ⅰ. ①鲁…　Ⅱ. ①黄…　Ⅲ. ①鲁棒控制　Ⅳ. ①TP273

中国版本图书馆 CIP 数据核字(2021) 第 131866 号

责任编辑：郭勇斌　邓新平／责任校对：杜子昂
责任印制：赵　博／封面设计：众轩企划

科学出版社出版
北京东黄城根北街 16 号
邮政编码：100717
http://www.sciencep.com
北京厚诚则铭印刷科技有限公司印刷
科学出版社发行　各地新华书店经销
*
2021 年 9 月第　一　版　开本: 720 × 1000　1/16
2025 年 1 月第四次印刷　印张: 9
字数: 137 000

**定价: 79.00 元**
(如有印装质量问题，我社负责调换)

# 前　言

鲁棒优化是处理具有参数不确定性优化问题的一套理论与方法. 在工程领域的优化设计中，几乎没有优化问题能够用准确的参数描述实际的数据. 换句话说，工程师只能获得参数的估计值并建立优化问题的数学模型. 因此，参数估计的误差影响优化问题最优解的工程实际性能与表现，但有时最优解在工程中是毫无意义和不切实际的. 因此，鲁棒优化理论与方法在解决参数不确定性优化问题时扮演着重要的角色，以致建立与发展鲁棒优化知识显得格外有意义.

自从 A. Ben-Tal 等的《鲁棒优化》（*Robust Optimization*）一书于 2009 年出版以来，该书呈现的知识有力地推动了鲁棒优化理论与工程应用的发展. 但是，其部分章节略显深奥难懂，加上目前没有专门介绍鲁棒优化的中文书籍或中译本. 鉴于此，笔者致力于撰写一本关于鲁棒优化基础知识，并强调其在工程（如金融工程与信号处理）中应用的图书. 一方面，笔者力求本书包含较新和有一定深度的鲁棒优化知识；另一方面，尽量保证适合入门者学习并可以作为研究生读物. 借此希望为从事鲁棒优化理论研究和工程应用的同仁及研究生提供一些有益的帮助.

本书的目的在于研究与理解鲁棒优化模型的计算本质：容易计算、NP-难或计算复杂度未知等，但不涉及具体的数值优化计算方法（尽管它是一个快速发展的分支）. 容易计算是指可将原来的鲁棒优化问题等价地转化为有限个约束的凸问题，且该凸问题可以利用线性锥规划的内点算法求解. 同时，通过确定问题容易计算的计算本质，揭示了该鲁棒优化问题的隐凸性. 针对 NP-难或计算复杂度未知的鲁棒优化问题，给出凸逼近解. 本书的特点是绝大多数鲁棒优化方法都带有对应的工程应用例子.

在预备知识方面，建议读者掌握矩阵论、概率论和凸优化等基础知识. 本书围绕鲁棒优化知识的基础与应用，共有 6 章，第 1 章为鲁棒优化简介；第

2 章为鲁棒线性不等式及其应用；第 3 章为鲁棒最小二乘问题及其应用；第 4 章为线性概率约束的凸表示与内部逼近；第 5 章为 $S$ 引理及其矩阵形式；第 6 章为 $S$ 引理的应用.

笔者十分感谢张树中教授的长期支持与鼓励。同时，感谢科学出版社有关工作人员的努力工作。

在本书的编写过程中，笔者参阅和借鉴了国内外文献资料，得到了国家自然科学基金面上项目（编号：11871168）的资助，在此一并表示衷心的感谢.

由于笔者水平有限，在本书选材与论述方面难免有不足之处，恳请专家、同仁和读者批评指正. 笔者的联系邮箱是：ywhuang@gdut.edu.cn.

黄永伟

2020 年 12 月

# 符 号 集

| | |
|---|---|
| $x$ | 标量（实数或复数） |
| $\Re(\cdot)$ | 复数的实部 |
| $\Im(\cdot)$ | 复数的虚部 |
| $\mathrm{j}$ | 虚部单位，即$\mathrm{j}^2=-1$ |
| $\boldsymbol{x}$ | 向量 |
| $x_n$ | $\boldsymbol{x}$的第$n$分量 |
| $\mathbf{0}$ | 零向量或零矩阵，维数由上下文决定 |
| $\boldsymbol{x}\geqslant\mathbf{0}$ | 非负向量 |
| $\boldsymbol{X}$ | 矩阵 |
| $x_{mn}$或$X_{mn}$ | $\boldsymbol{X}$的第$mn$元素 |
| $\boldsymbol{X}\geqslant\mathbf{0}$ | 非负矩阵 |
| $\mathbb{R}^N$ | $N$维实数空间 |
| $\mathbb{R}_+^N$ | $N$维分量为非负的向量集合 |
| $\mathbb{R}_{++}^N$ | $N$维分量为正的向量集合 |
| $\mathbb{C}^N$ | $N$维复数空间 |
| $\mathbb{R}^{M\times N}$ | $M$乘$N$实数矩阵 |
| $\mathbb{C}^{M\times N}$ | $M$乘$N$复数矩阵 |
| $(\cdot)^T$ | 转置 |
| $(\cdot)^H$ | 共轭转置 |
| $\Vert\boldsymbol{x}\Vert$ | $\boldsymbol{x}$的 2 范数 |
| $\Vert\boldsymbol{x}\Vert_p$ | $\boldsymbol{x}$的$p$范数，$p\neq 2$ |
| $\Vert\boldsymbol{X}\Vert$ | $\boldsymbol{X}$的 2 范数 |
| $\Vert\boldsymbol{X}\Vert_F$ | $\boldsymbol{X}$的 Frobenius 范数 |
| $\Vert\boldsymbol{X}\Vert_p$ | $\boldsymbol{X}$的$p$范数，$p\neq 2$ |

| | |
|---|---|
| $\mathbf{1}$ | 全一向量 |
| $\boldsymbol{I}$ | 单位矩阵，维数由上下文决定 |
| $\boldsymbol{X} \succeq \mathbf{0}$ | 半正定矩阵 |
| $\boldsymbol{X} \succ \mathbf{0}$ | 正定矩阵 |
| $\mathcal{S}^N$ | $N \times N$实对称矩阵的集合 |
| $\mathcal{S}_+^N$ | $N \times N$实半正定矩阵的集合 |
| $\mathcal{S}_{++}^N$ | $N \times N$实正定矩阵的集合 |
| $\mathcal{H}^N$ | $N \times N$复共轭对称矩阵的集合 |
| $\mathcal{H}_+^N$ | $N \times N$复半正定矩阵的集合 |
| $\mathcal{H}_{++}^N$ | $N \times N$复正定矩阵的集合 |
| $\boldsymbol{X}^{1/2}$ | 矩阵满足：$\boldsymbol{X}^{1/2}\boldsymbol{X}^{1/2} = \boldsymbol{X}$ |
| $\mathrm{tr}\left(\cdot\right)$ | 矩阵的迹 |
| $\mathrm{Diag}\left(\boldsymbol{d}\right)$ | 以$\boldsymbol{d}$的分量为主对角元素的对角矩阵 |
| $\mathrm{diag}\left(\boldsymbol{D}\right)$ | 以$\boldsymbol{D}$的主对角元素为分量的向量 |
| $\mathcal{N}(\boldsymbol{\mu}，\boldsymbol{\Sigma})$ | 以$\boldsymbol{\mu}$为均值，以$\boldsymbol{\Sigma}$为协方差矩阵的多维正态分布 |
| $\mathcal{N}_C(\boldsymbol{\mu}，\boldsymbol{\Sigma})$ | 复数值多维正态分布 |
| $\mathrm{Prob}\left\{\cdot\right\}$ | 某事件的概率 |
| $\mathrm{E}\left[\cdot\right]$ | 期望 |
| $\mathrm{Var}\left[\cdot\right]$ | 方差或协方差 |
| $\odot$ | Hadamard 乘积 |
| $\otimes$ | Kronecker 乘积 |
| $\oplus$ | 直和 |

# 目　录

# 第 1 章　鲁棒优化简介

实际优化问题的参数（数据）往往带有一定的误差. 这些误差可以是过时的参数引起的（解优化问题时，使用的参数已经是旧的），也可以是测量或估计参数时产生的; 还有些误差是由于硬件无法准确执行优化问题的解（它等同于人工的参数误差）引起的. 在某些优化应用中，很小的参数误差可能导致原问题的解变得毫无意义和不切实际. 于是，需要寻找一套优化方法求解深受参数误差困扰的优化问题，有效地找到鲁棒解使得它能消除参数不确定性的影响. 鲁棒优化就是一门提供这些方法的基础与应用学科.

## 1.1　鲁棒优化问题

### 1.1.1　鲁棒优化模型

鲁棒优化问题是具有参数不确定性的问题. 假设目标函数 $f_0:\mathbb{R}^N\to\mathbb{R}$，约束函数 $f_m:\mathbb{R}^N\times\mathcal{U}_m\to\mathbb{R}$，$m=1，2，\cdots，M$，则鲁棒优化问题可以写成（见文献 [1]）

$$
\begin{aligned}
\min_{\boldsymbol{x}}\quad & f_0(\boldsymbol{x}) \\
\text{s.t.}\quad & f_m(\boldsymbol{x}，\boldsymbol{u}_m)\leqslant 0，\forall \boldsymbol{u}_m\in\mathcal{U}_m，m=1，2，\cdots，M.
\end{aligned}
\tag{1.1}
$$

我们不失一般性地假设：① 目标函数的参数是确定的；否则，目标函数用极大值 $\sup_{\boldsymbol{u}_0\in\mathcal{U}_0} f_0(\boldsymbol{x}，\boldsymbol{u}_0)$ 代替，并且使用它的等价上图形式表示，即 $\min\ t$ 使得 $f_0(\boldsymbol{x}，\boldsymbol{u}_0)\leqslant t，\forall\boldsymbol{u}_0\in\mathcal{U}_0$. ② 在问题(1.1)的约束中，不等式的右边不含不确定的参数.

特别地，当 $\mathcal{U}_1=\cdots=\mathcal{U}_M=\mathcal{U}$ 时，问题(1.1)则化为

$$
\begin{aligned}
\min_{\boldsymbol{x}}\quad & f_0(\boldsymbol{x}) \\
\text{s.t.}\quad & f_m(\boldsymbol{x}，\boldsymbol{u})\leqslant 0，\forall \boldsymbol{u}\in\mathcal{U}，m=1，2，\cdots，M.
\end{aligned}
\tag{1.2}
$$

显然，问题(1.1)的可行集是

$$\mathcal{F}=\{\boldsymbol{x}\mid f_m(\boldsymbol{x},\ \boldsymbol{u}_m)\leqslant 0,\ \forall \boldsymbol{u}_m\in\mathcal{U}_m,\ m=1,\ 2,\ \cdots,\ M\}. \tag{1.3}$$

$\mathcal{F}$ 中的任意一点称为鲁棒可行解. 如果

$$f_0(\boldsymbol{x}^\star)\leqslant f_0(\boldsymbol{x}),\ \forall \boldsymbol{x}\in\mathcal{F}, \tag{1.4}$$

则 $\boldsymbol{x}^\star$ 称为鲁棒最优解. 类似地，可以定义鲁棒局部最优解.

特别地，当 $f_0(\boldsymbol{x})=\boldsymbol{c}^T\boldsymbol{x}$，$f_m(\boldsymbol{x},\ \boldsymbol{\zeta}_m)=(\boldsymbol{a}_m+\boldsymbol{P}_m\boldsymbol{\zeta}_m)^T\boldsymbol{x}-d_m$，$\boldsymbol{\zeta}_m\in\mathcal{Z}_m$（$\mathcal{Z}_m$ 称为参数扰动集合），$m=1,\ 2,\ \cdots,\ M$，则问题(1.1)是鲁棒线性规划问题：

$$\begin{aligned}\min_{\boldsymbol{x}}\quad & \boldsymbol{c}^T\boldsymbol{x}\\ \text{s.t.}\quad & (\boldsymbol{a}_m+\boldsymbol{P}_m\boldsymbol{\zeta}_m)^T\boldsymbol{x}\leqslant d_m,\ \forall\boldsymbol{\zeta}_m\in\mathcal{Z}_m,\ m=1,\ 2,\ \cdots,\ M.\end{aligned} \tag{1.5}$$

这里 $\boldsymbol{P}_m$ 是确定的矩阵参数.

如果 $f_0$ 是凸函数，且对任意给定 $\boldsymbol{u}_m\in\mathcal{U}_m$，$f_m(\boldsymbol{x},\ \boldsymbol{u}_m)$ 是关于 $\boldsymbol{x}$ 的凸函数，$m=1,\ 2,\ \cdots,\ M$，则问题(1.1)是具有无穷多个约束的凸优化问题. 注意，$\sup_{\boldsymbol{u}_m\in\mathcal{U}_m} f_m(\boldsymbol{x},\ \boldsymbol{u}_m)$ 是关于 $\boldsymbol{x}$ 的凸函数. 因此，问题(1.1)的等价形式

$$\begin{aligned}\min_{\boldsymbol{x}}\quad & f_0(\boldsymbol{x})\\ \text{s.t.}\quad & \sup_{\boldsymbol{u}_m\in\mathcal{U}_m} f_m(\boldsymbol{x},\ \boldsymbol{u}_m)\leqslant 0,\ m=1,\ 2,\ \cdots,\ M\end{aligned} \tag{1.6}$$

也是凸的.

类似上述问题，问题(1.5)可改写为

$$\begin{aligned}\min_{\boldsymbol{x}}\quad & \boldsymbol{c}^T\boldsymbol{x}\\ \text{s.t.}\quad & g_m(\boldsymbol{x})=\sup_{\boldsymbol{\zeta}_m\in\mathcal{Z}_m}(\boldsymbol{P}_m^T\boldsymbol{x})^T\boldsymbol{\zeta}_m+\boldsymbol{a}_m^T\boldsymbol{x}\leqslant d_m,\ m=1,\ 2,\ \cdots,\ M.\end{aligned} \tag{1.7}$$

假设参数扰动集合 $\mathcal{Z}_m$ 是容易计算的（例如，它可被有限个线性矩阵不等式等价地刻画）. 那么，易知 $g_m(\boldsymbol{x})$ 不仅是凸的，而且集合 $\{\boldsymbol{x}\mid g_m(\boldsymbol{x})\leqslant d_m\}(m=1,\ 2,\ \cdots,\ M)$ 是容易计算的. 因此，问题(1.7)也是容易计算的.

一般而言，鲁棒优化需要处理以下两类问题：① 确认问题(1.1)的计算复杂度（例如，容易计算、NP-难或计算复杂度未知），以及如何求解；② 如何定义有意义且切合实际应用的不确定集合 $\mathcal{U}_m(m=1,\ 2,\ \cdots,\ M)$.

### 1.1.2 鲁棒线性规划问题

考虑以下鲁棒线性规划问题

$$\begin{aligned}\min_{\boldsymbol{x}} \quad & \boldsymbol{c}^T\boldsymbol{x} \\ \text{s.t.} \quad & \boldsymbol{A}\boldsymbol{x}+\boldsymbol{b}\leqslant \boldsymbol{0},\ \forall[\boldsymbol{A},\ \boldsymbol{b}]\in\mathcal{U}.\end{aligned} \tag{1.8}$$

其中，不确定集合 $\mathcal{U}$ 定义为

$$\mathcal{U}=\left\{[\boldsymbol{A},\ \boldsymbol{b}]=[\boldsymbol{A}_0,\ \boldsymbol{b}_0]+\sum_{l=1}^{L}\zeta_l[\boldsymbol{A}_l,\ \boldsymbol{b}_l]\mid \boldsymbol{\zeta}\in\mathcal{Z}\right\}. \tag{1.9}$$

在式(1.9)中，名义值 $[\boldsymbol{A}_0,\ \boldsymbol{b}_0]$ 和基 $[\boldsymbol{A}_l,\ \boldsymbol{b}_l](l=1,\ 2,\ \cdots,\ L)$，是给定的矩阵；$\boldsymbol{\zeta}$ 和 $\mathcal{Z}$ 分别是扰动向量和扰动集合. 因此，问题(1.8)的约束可写为

$$\left(\boldsymbol{A}_0+\sum_{l=1}^{L}\zeta_l\boldsymbol{A}_l\right)\boldsymbol{x}+\boldsymbol{b}_0+\sum_{l=1}^{L}\zeta_l\boldsymbol{b}_l\leqslant\boldsymbol{0},\ \forall\boldsymbol{\zeta}\in\mathcal{Z}; \tag{1.10}$$

亦即

$$\boldsymbol{A}_0\boldsymbol{x}+\boldsymbol{b}_0+\sum_{l}\zeta_l(\boldsymbol{A}_l\boldsymbol{x}+\boldsymbol{b}_l)\leqslant\boldsymbol{0},\ \ \forall\boldsymbol{\zeta}\in\mathcal{Z}. \tag{1.11}$$

1. 一般形式不确定集合的特例

约束(1.10)的形式比较一般. 例如，半无穷约束

$$\bar{\boldsymbol{A}}\boldsymbol{x}+\boldsymbol{b}\leqslant\boldsymbol{0},\ \ \forall\boldsymbol{b}:\|\boldsymbol{b}-\bar{\boldsymbol{b}}\|\leqslant\epsilon, \tag{1.12}$$

（$\bar{\boldsymbol{A}}$ 是 $M\times N$ 矩阵，$\boldsymbol{b}$ 是 $M$ 维向量）可改写为 $\boldsymbol{A}\boldsymbol{x}+\boldsymbol{b}\leqslant\boldsymbol{0}$，$[\boldsymbol{A},\ \boldsymbol{b}]\in\hat{\mathcal{U}}$. 其中，$\hat{\mathcal{U}}$ 定义为

$$\hat{\mathcal{U}}=\left\{[\boldsymbol{A},\ \boldsymbol{b}]=[\bar{\boldsymbol{A}},\ \bar{\boldsymbol{b}}]+\sum_{m=1}^{M}\zeta_m[\boldsymbol{0},\ \boldsymbol{e}_m]\mid\boldsymbol{\zeta}\in\hat{\mathcal{Z}}\right\}, \tag{1.13}$$

以及 $\hat{\mathcal{Z}}=\{\boldsymbol{\zeta}\mid\|\boldsymbol{\zeta}\|\leqslant\epsilon\}$. 在式(1.13)中，$\boldsymbol{e}_m$ 代表 $M$ 维单位矩阵的第 $m$ 列，$m=1,\ 2,\ \cdots,\ M$.

又如，以下约束

$$\boldsymbol{A}\boldsymbol{x}\leqslant\bar{\boldsymbol{b}},\ \forall\boldsymbol{A}:\bar{a}_{mn}-\rho_{mn}\leqslant a_{mn}\leqslant\bar{a}_{mn}+\rho_{mn},\ \forall m,\ n, \tag{1.14}$$

等价于 $\boldsymbol{A}\boldsymbol{x} \leqslant \boldsymbol{b}$，$[\boldsymbol{A},\ \boldsymbol{b}] \in \hat{\mathcal{U}}$. 其中，$\hat{\mathcal{U}}$ 定义为

$$\hat{\mathcal{U}} = \left\{ [\boldsymbol{A},\ \boldsymbol{b}] = [\bar{\boldsymbol{A}},\ \bar{\boldsymbol{b}}] + \sum_{m,\ n} \zeta_{mn} [\boldsymbol{e}_m \boldsymbol{e}_n^T,\ 0] \mid \boldsymbol{\zeta} \in \hat{\mathcal{Z}} \right\}, \tag{1.15}$$

$\hat{\mathcal{Z}} = \{\boldsymbol{\zeta} = [\zeta_{mn}] \mid -\rho_{mn} \leqslant \zeta_{mn} \leqslant \rho_{mn},\ \forall m,\ n\}$.

再如，考虑以下条件

$$\|\bar{\boldsymbol{A}}\boldsymbol{x} - \bar{\boldsymbol{B}}\boldsymbol{\zeta}\|_1 \leqslant 1,\ \forall \boldsymbol{\zeta} : \|\boldsymbol{\zeta}\| \leqslant 1. \tag{1.16}$$

可改写为

$$\|\boldsymbol{P}\boldsymbol{x} - \boldsymbol{p}\|_1 \leqslant 1,\ \forall [\boldsymbol{P},\ \boldsymbol{p}] \in \hat{\mathcal{U}}, \tag{1.17}$$

以及

$$\hat{\mathcal{U}} = \left\{ [\boldsymbol{P},\ \boldsymbol{p}] = [\bar{\boldsymbol{A}},\ \boldsymbol{0}] + \sum_{n=1}^{N} \zeta_n [\boldsymbol{0},\ \bar{\boldsymbol{b}}_n] \mid \|\boldsymbol{\zeta}\| \leqslant 1 \right\}, \tag{1.18}$$

这里 $\bar{\boldsymbol{B}} = [\bar{\boldsymbol{b}}_1,\ \cdots,\ \bar{\boldsymbol{b}}_N]$.

2. 不确定集合的假设

不难证明一般的鲁棒线性约束

$$\boldsymbol{A}\boldsymbol{x} + \boldsymbol{b} \leqslant \boldsymbol{0},\ \forall [\boldsymbol{A},\ \boldsymbol{b}] \in \mathcal{U}, \tag{1.19}$$

等价于

$$\boldsymbol{a}_m^T \boldsymbol{x} + b_m \leqslant 0,\ \forall \begin{bmatrix} \boldsymbol{a}_m \\ b_m \end{bmatrix} \in \mathcal{U}_m,\ m = 1,\ 2,\ \cdots,\ M. \tag{1.20}$$

其中，$\boldsymbol{a}_m^T$ 是 $\boldsymbol{A}$ 的第 $m$ 行向量，$\mathcal{U}_m$ 是 $\mathcal{U}$ 到第 $m$ 个约束的参数空间的投影，即

$$\mathcal{U}_m = \left\{ \begin{bmatrix} \boldsymbol{a}_m \\ b_m \end{bmatrix} \mid [\boldsymbol{A},\ \boldsymbol{b}] \in \mathcal{U} \right\}. \tag{1.21}$$

另外，鲁棒线性约束(1.20)中的 $\mathcal{U}_m$ 可改为它的闭凸包

$$\boldsymbol{a}_m^T\boldsymbol{x}+b_m\leqslant 0,\ \forall\begin{bmatrix}\boldsymbol{a}_m\\ b_m\end{bmatrix}\in \mathrm{cl}(\mathrm{conv}\,(\mathcal{U}_m)),\ m=1,\ 2,\ \cdots,\ M. \tag{1.22}$$

即式(1.22)等同于式(1.20). 因此，我们可不失一般性地做以下假设（见文献 [2]、[3]）.

**假设 1.1.1** 鲁棒线性约束(1.20)中的 $\mathcal{U}_m$ 是闭凸集，以及式(1.19)的不确定集合 $\mathcal{U}$ 等于 $\mathcal{U}_1\times\cdots\times\mathcal{U}_M$.

若式(1.19)中的不确定集合如式(1.9)所给定，则$\mathcal{U}$可替换为$\mathcal{U}_1\times\cdots\times\mathcal{U}_M$，且

$$\mathcal{U}_m=\left\{\begin{bmatrix}\boldsymbol{a}_m\\ b_m\end{bmatrix}=\begin{bmatrix}\boldsymbol{a}_m^0\\ b_m^0\end{bmatrix}+\sum_{l=1}^{L_m}\zeta_l\begin{bmatrix}\boldsymbol{a}_m^l\\ b_m^l\end{bmatrix}\mid \boldsymbol{\zeta}\in\mathcal{Z}_m\subset\mathbb{R}^{L_m}\right\}, \tag{1.23}$$

$m=1,\ 2,\ \cdots,\ M$，以及参数扰动集合 $\mathcal{Z}_m$ 是闭凸的（它与 $\mathcal{U}$ 如何投影到 $\mathcal{U}_m$ 有关）. 例如，

$$(\bar{\boldsymbol{A}}+\boldsymbol{\Delta})\boldsymbol{x}\leqslant\boldsymbol{b},\ \forall\boldsymbol{\Delta}:\|\boldsymbol{\Delta}\|_F\leqslant\rho, \tag{1.24}$$

等价于

$$\boldsymbol{a}_m^T\boldsymbol{x}\leqslant b_m,\ \forall\boldsymbol{a}_m\in\{\boldsymbol{a}_m=\bar{\boldsymbol{a}}_m+\boldsymbol{\delta}_m\mid\boldsymbol{\delta}_m\in\mathcal{Z}_m\},\ m=1,\ 2,\ \cdots,\ M \tag{1.25}$$

其中，$\bar{\boldsymbol{a}}_m^T$ 和 $\boldsymbol{\delta}_m^T$ 分别是 $\bar{\boldsymbol{A}}$ 和 $\boldsymbol{\Delta}$ 的第 $m$ 行向量，参数扰动集合

$$\mathcal{Z}_m=\left\{\boldsymbol{\delta}_m\mid\sqrt{\sum_{m=1}^{M}\|\boldsymbol{\delta}_m\|^2}\leqslant\rho\right\},\ m=1,\ 2,\ \cdots,\ M. \tag{1.26}$$

另外，我们还可以假设：

**假设 1.1.2** 鲁棒线性规划问题(1.8)每个约束中的扰动集合是独立的.

## 1.2 典型案例——小误差与大变化

某医药公司生产药物 1 和药物 2 两类药物，它们均含有有效成分 A. 有效成分 A 可以从市面上销售的原材料 I 和原材料 II 中提取. 药物生产参数、原材料数据和资源数据列在表 1.1~ 表 1.3 中. 公司的目的是寻求某生产计划使利润极大化（见文献 [2]、[4]）.

表 1.1　药物生产参数

| 参数 | 药物 1 | 药物 2 |
|---|---|---|
| 每千盒售价/美元 | 6 200 | 6 900 |
| 每千盒有效成分 A 的含量/g | 0.5 | 0.6 |
| 每千盒所需员工工作时间/h | 90 | 100 |
| 每千盒所需设备运作时间/h | 40 | 50 |
| 每千盒运营费用/美元 | 700 | 800 |

表 1.2　原材料数据

| 材料 | 购价/（美元/kg） | 有效成分 A 的含量/（g/kg） |
|---|---|---|
| 原材料 I | 100 | 0.01 |
| 原材料 II | 199.9 | 0.02 |

表 1.3　资源数据

| | |
|---|---|
| 总预算/美元 | 100 000 |
| 员工工作时间上限/h | 2 000 |
| 设备运作时间上限/h | 800 |
| 仓库储存上限/kg | 1 000 |

### 1.2.1　药物生产问题的线性规划模型

假设 $w$ 和 $x$ 分别代表购得的原材料 I 和原材料 II 的重量（以 kg 计），$y$ 和 $z$ 分别代表生产的药物 1 和药物 2 的数量（以千盒计）. 根据给定的数据，极小化问题的目标函数是负收益

$$f_0(w,\ x,\ y,\ z) = f_1(w,\ x,\ y,\ z) - f_2(w,\ x,\ y,\ z). \tag{1.27}$$

其中，$f_1(w,\ x,\ y,\ z)$ 是支出函数，

$$f_1(w,\ x,\ y,\ z) = 100w + 199.9x + 700y + 800z, \tag{1.28}$$

包括购买原材料费用与运营费用. $f_2(w,\ x,\ y,\ z)$ 是收入函数，

$$f_2(w,\ x,\ y,\ z) = 6200y + 6900z, \tag{1.29}$$

即出售药物的所得. 因此,

$$f_0(w,\ x,\ y,\ z) = 100w + 199.9x - 5500y - 6100z. \tag{1.30}$$

另外还有以下 6 种约束.

(1) 有效成分 A 的约束:

$$0.01w + 0.02x - 0.5y - 0.6z \geqslant 0, \tag{1.31}$$

即购买的原材料需足以生产药物.

(2) 储存空间约束:

$$w + x \leqslant 1000, \tag{1.32}$$

该约束表明用于储存原材料的空间是有限的.

(3) 人力约束:

$$90y + 100z \leqslant 2000, \tag{1.33}$$

即人力资源有限, 员工最多工作 2000 小时.

(4) 设备约束:

$$40y + 50z \leqslant 800, \tag{1.34}$$

该约束说明设备运作时间有限.

(5) 总预算约束:

$$100w + 199.9x + 700y + 800z \leqslant 100000, \tag{1.35}$$

代表总预算(开支)是有限的.

(6) 非负变量约束:

$$w \geqslant 0,\ x \geqslant 0,\ y \geqslant 0,\ z \geqslant 0. \tag{1.36}$$

因此, 该线性规划问题可总结为如下形式

$$
\begin{aligned}
\min \quad & 100w + 199.9x - 5500y - 6100z \\
\text{s.t.} \quad & 0.01w + 0.02x - 0.5y - 0.6z \geqslant 0 \\
& w + x \leqslant 1000 \\
& 90y + 100z \leqslant 2000 \\
& 40y + 50z \leqslant 800 \\
& 100w + 199.9x + 700y + 800z \leqslant 100000 \\
& w \geqslant 0,\ x \geqslant 0,\ y \geqslant 0,\ z \geqslant 0.
\end{aligned}
\tag{1.37}
$$

解该线性规划问题 [例如，通过 Matlab 的 `linprog` 命令或 CVX（见文献 [5]）]，得到最优值 $p^* = -8819.7$，最优解是 $(w^*,\ x^*,\ y^*,\ z^*) = (0,\ 438.7889,\ 17.5516,\ 0)$.

### 1.2.2 原材料成分的不确定性

现在假设问题(1.37)的某些系数有一些非常小的扰动. 具体而言，原材料 I 和 II 中有效成分 A 的含量有些出入，即原材料 I 和 II 中 A 的含量分别有 0.5% 和 2% 的相对误差，如表 1.4 所示.

**表 1.4　系数变化范围**

| 材料 | 有效成分 A 的含量/（g/kg） |
|---|---|
| 原材料 I | [0.00995，0.01005] |
| 原材料 II | [0.0196，0.0204] |

表 1.4给出了问题(1.37)第一个约束（即有效成分约束）中 $w$ 和 $x$ 的系数变动范围. 如果该约束改为

$$
0.00995w + 0.0196x - 0.5y - 0.6z \geqslant 0, \tag{1.38}
$$

即 $w$ 和 $x$ 的系数做了些小变动，那么问题(1.37)的最优值为 $-6906.0$. 与原问题相比，收益减少 21.7%.

更有趣的是，若把式(1.38)中 $x$ 的系数改为 0.0204，即问题(1.37) 中第一个约束改为

$$
0.00995w + 0.0204x - 0.5y - 0.6z \geqslant 0, \tag{1.39}
$$

则新线性规划问题的最优值变为 $-10\ 724.0$，换言之，收益提高了 21.6%. 比较式(1.38)和式(1.39)可知，虽然 $x$ 的系数只有 0.0008 的差别，但是收益的差别却超过 40%. 因此，我们不容小觑微小的参数变化带来的大变化.

另外，注意式(1.38)等价于以下鲁棒约束

$$u\cdot w+v\cdot x-0.5y-0.6z\geqslant 0,\ \forall u\in[0.00995,\ 0.01005],\ \forall v\in[0.0196,\ 0.0204] \tag{1.40}$$

（因为 $w\geqslant 0$ 和 $x\geqslant 0$）. 我们把式(1.37)的第一个约束改为鲁棒约束 (1.40)，从而建立起鲁棒线性优化问题. 显然，该鲁棒线性优化问题是可解的.

## 1.3 NP-难与可凸表示的鲁棒优化问题

由于鲁棒优化问题(1.1)本质上是半无穷规划问题（即有限个优化变量，无限个约束），因此，它可以是 NP-难的（当然，在部分情况下也可以是容易计算的）. 本节通过例子介绍 NP-难的鲁棒优化问题和容易计算的鲁棒优化问题.

### 1.3.1 NP-难的半无穷约束

考虑式(1.16)中的鲁棒约束，即

$$\|\boldsymbol{A}\boldsymbol{x}-\boldsymbol{B}\boldsymbol{\zeta}\|_1\leqslant 1,\ \forall\boldsymbol{\zeta}:\|\boldsymbol{\zeta}\|\leqslant 1. \tag{1.41}$$

现在，检查 $\boldsymbol{x}=\boldsymbol{0}$ 是否满足该约束条件. 显然，它相当于检查以下条件是否成立：

$$\max_{\|\boldsymbol{\zeta}\|\leqslant 1}\|\boldsymbol{B}\boldsymbol{\zeta}\|_1\leqslant 1. \tag{1.42}$$

由于

$$\max_{\|\boldsymbol{\zeta}\|\leqslant 1}\|\boldsymbol{B}\boldsymbol{\zeta}\|_1=\max_{\|\boldsymbol{z}\|_\infty\leqslant 1,\ \|\boldsymbol{\zeta}\|\leqslant 1}\boldsymbol{z}^T\boldsymbol{B}\boldsymbol{\zeta} \tag{1.43}$$

$$=\max_{\|\boldsymbol{z}\|_\infty\leqslant 1}\max_{\|\boldsymbol{\zeta}\|\leqslant 1}\boldsymbol{\zeta}^T(\boldsymbol{B}^T\boldsymbol{z}) \tag{1.44}$$

$$=\sqrt{\max_{\|\boldsymbol{z}\|_\infty\leqslant 1}\boldsymbol{z}^T\boldsymbol{B}\boldsymbol{B}^T\boldsymbol{z}}, \tag{1.45}$$

所以条件(1.42)等价于

$$\max_{\|\boldsymbol{z}\|_\infty \leqslant 1} \boldsymbol{z}^T \boldsymbol{B}\boldsymbol{B}^T \boldsymbol{z} \leqslant 1. \tag{1.46}$$

因为 $\boldsymbol{B}\boldsymbol{B}^T$ 可代表任意的半正定矩阵，故计算上述极大化问题就是求解高维方盒约束下二次问题的极大值. 这是个典型的 NP-难问题.

事实上，设 $\boldsymbol{B}\boldsymbol{B}^T = (\|\boldsymbol{a}\|^2 \boldsymbol{I} - \boldsymbol{a}\boldsymbol{a}^T)/(N\|\boldsymbol{a}\|^2)$，其中，$\boldsymbol{a} = [a_1, \cdots, a_N]^T \in \mathbb{R}^N$，$a_n$ 均为正整数，$n = 1, 2, \cdots, N$. 于是，

$$\boldsymbol{z}^T \boldsymbol{B}\boldsymbol{B}^T \boldsymbol{z} = \frac{1}{N\|\boldsymbol{a}\|^2}\left(\|\boldsymbol{a}\|^2 \sum_{n=1}^{N} |z_n|^2 - |\boldsymbol{a}^T \boldsymbol{z}|^2\right). \tag{1.47}$$

从式(1.47)易见，极大化问题(1.46)的最优值等于 1，即

$$|\boldsymbol{a}^T \boldsymbol{z}| = 0, \ |z_n| = 1, \ \forall n, \tag{1.48}$$

取得最优值. 式(1.48)是一个整数划分问题，属于典型的 NP-完全问题. 因此，检查式(1.46)是否成立是一个 NP-难问题.

另外一个例子是

$$\|\boldsymbol{A}\boldsymbol{x} - \boldsymbol{B}\boldsymbol{\zeta}\|_1 \leqslant 1, \ \forall \boldsymbol{\zeta} : \|\boldsymbol{\zeta}\|_\infty \leqslant 1, \tag{1.49}$$

其中，$\boldsymbol{B}$ 是半正定矩阵. 检查 $\boldsymbol{x} = \boldsymbol{0}$ 是否为鲁棒约束(1.49)的可行解，等价于检查

$$\max_{\|\boldsymbol{\zeta}\|_\infty \leqslant 1} \|\boldsymbol{B}\boldsymbol{\zeta}\|_1 \leqslant 1. \tag{1.50}$$

注意

$$\max_{\|\boldsymbol{\eta}\|_\infty \leqslant 1, \ \|\boldsymbol{\zeta}\|_\infty \leqslant 1} \boldsymbol{\eta}^T \boldsymbol{B}\boldsymbol{\zeta} = \max_{\|\boldsymbol{\zeta}\|_\infty \leqslant 1} \|\boldsymbol{B}\boldsymbol{\zeta}\|_1, \tag{1.51}$$

以及

$$\max_{\|\boldsymbol{\zeta}\|_\infty \leqslant 1} \boldsymbol{\zeta}^T \boldsymbol{B}\boldsymbol{\zeta} = \max_{\|\boldsymbol{\eta}\|_\infty \leqslant 1, \ \|\boldsymbol{\zeta}\|_\infty \leqslant 1} \boldsymbol{\eta}^T \boldsymbol{B}\boldsymbol{\zeta}, \tag{1.52}$$

这只需利用等式 $\boldsymbol{\eta}^T \boldsymbol{B}\boldsymbol{\zeta} = \dfrac{1}{4}(\boldsymbol{\eta} + \boldsymbol{\zeta})^T \boldsymbol{B}(\boldsymbol{\eta} + \boldsymbol{\zeta}) - \dfrac{1}{4}(\boldsymbol{\eta} - \boldsymbol{\zeta})^T \boldsymbol{B}(\boldsymbol{\eta} - \boldsymbol{\zeta})$. 所以式(1.50)等价于

$$\max_{\|\boldsymbol{\zeta}\|_\infty \leqslant 1} \boldsymbol{\zeta}^T \boldsymbol{B} \boldsymbol{\zeta} \leqslant 1. \tag{1.53}$$

而式(1.53)则是已知的 NP-难问题（因为 $\boldsymbol{B}$ 是半正定矩阵）.

### 1.3.2 可凸表示的半无穷约束

少量鲁棒约束有等价的凸表示. 在这里，举一个简单的例子说明. 考虑

$$\boldsymbol{a}^T \boldsymbol{x} + b \leqslant 0,\ \forall \begin{bmatrix} \boldsymbol{a} \\ b \end{bmatrix} \in \mathcal{U} = \left\{ \begin{bmatrix} \boldsymbol{a}_0 \\ b_0 \end{bmatrix} + \boldsymbol{A}\boldsymbol{\zeta} \mid \boldsymbol{\zeta} \in \mathcal{Z} \right\}. \tag{1.54}$$

其中，$\boldsymbol{A}$ 是 $(N+1)\times M$ 矩阵，

$$\boldsymbol{A} = \begin{bmatrix} \boldsymbol{a}_1 & \cdots & \boldsymbol{a}_M \\ b_1 & \cdots & b_M \end{bmatrix}; \tag{1.55}$$

扰动集合 $\mathcal{Z}$ 定义为有限个点 $\{\boldsymbol{\zeta}^1, \cdots, \boldsymbol{\zeta}^K\}$ 的凸包，即

$$\mathcal{Z} = \operatorname{conv}\{\boldsymbol{\zeta}^1, \cdots, \boldsymbol{\zeta}^K\} = \left\{ \sum_{k=1}^K \alpha_k \boldsymbol{\zeta}^k \mid \sum_{k=1}^K \alpha_k = 1,\ \alpha_k \geqslant 0 \right\}. \tag{1.56}$$

因此，不确定集合 $\mathcal{U}$ 可改写成

$$\mathcal{U} = \left\{ \sum_{k=1}^K \alpha_k \left( \begin{bmatrix} \boldsymbol{a}_0 \\ b_0 \end{bmatrix} + \boldsymbol{A}\boldsymbol{\zeta}^k \right) \mid \sum_{k=1}^K \alpha_k = 1,\ \alpha_k \geqslant 0 \right\}. \tag{1.57}$$

于是，不难知道式(1.54)与以下条件等价

$$\left( \begin{bmatrix} \boldsymbol{a}_0 \\ b_0 \end{bmatrix} + \boldsymbol{A}\boldsymbol{\zeta}^k \right)^T \begin{bmatrix} \boldsymbol{x} \\ 1 \end{bmatrix} \leqslant 0,\ k = 1, 2, \cdots, K; \tag{1.58}$$

亦即

$$\boldsymbol{a}_0^T \boldsymbol{x} + b_0 + \sum_{m=1}^M \zeta_m^k (\boldsymbol{a}_m^T \boldsymbol{x} + b_m) \leqslant 0,\ k = 1, 2, \cdots, K. \tag{1.59}$$

这说明半无穷约束(1.54)在扰动集合为式(1.56)时，等价于 $K$ 个线性不等式约束(1.59).

本书后续将总结可凸表示或可凸逼近的若干鲁棒优化问题.

# 第 2 章　鲁棒线性不等式及其应用

鲁棒线性规划问题在不同的不确定集合下，通过一些理论工具（如线性锥规划的强对偶定理等）可以转化成线性规划、二阶锥规划、半正定规划等凸问题，使得该鲁棒线性规划问题是容易计算的. 本章将归纳几种可由凸表示的鲁棒线性不等式，并举例说明它们在金融工程与信号处理中的应用.

## 2.1　$p$ 范数球的扰动集合

由于鲁棒线性规划中每个不等式约束的不确定集合是独立的，因此，只需考虑单一的半无穷线性约束的等价形式，即以下鲁棒线性不等式约束

$$\boldsymbol{a}^T\boldsymbol{x}+b\leqslant 0,\ \forall\begin{bmatrix}\boldsymbol{a}\\ b\end{bmatrix}\in\mathcal{U}=\left\{\begin{bmatrix}\boldsymbol{a}_0\\ b_0\end{bmatrix}+\sum_{m=1}^{M}\zeta_m\begin{bmatrix}\boldsymbol{a}_m\\ b_m\end{bmatrix}\ \middle|\ \boldsymbol{\zeta}\in\mathcal{Z}\right\}. \tag{2.1}$$

其中，扰动集合$\mathcal{Z}$ 是单位 $p$ 范数球（$p\geqslant 1$），即

$$\mathcal{Z}=\{\boldsymbol{\zeta}\in\mathbb{R}^M\mid\|\boldsymbol{\zeta}\|_p\leqslant 1\}. \tag{2.2}$$

### 2.1.1　$p$ 范数球约束下鲁棒线性不等式的等价表示

**定理 2.1.1**　假设半无穷约束式(2.1)在 $p$ 范数球扰动集合(2.2)下成立，则式(2.1)等价于

$$\boldsymbol{a}_0^T\boldsymbol{x}+b_0+\left\|\begin{bmatrix}\boldsymbol{a}_1^T\boldsymbol{x}+b_1\\ \vdots\\ \boldsymbol{a}_M^T\boldsymbol{x}+b_M\end{bmatrix}\right\|_q\leqslant 0,\ \frac{1}{p}+\frac{1}{q}=1. \tag{2.3}$$

**证明**：由式(2.1)和式(2.2)可得

$$\boldsymbol{a}_0^T\boldsymbol{x}+b_0+\sum_{m=1}^{M}\zeta_m(\boldsymbol{a}_m^T\boldsymbol{x}+b_m)\leqslant 0,\ \forall\boldsymbol{\zeta}:\|\boldsymbol{\zeta}\|_p\leqslant 1. \tag{2.4}$$

所以有

$$\boldsymbol{a}_0^T\boldsymbol{x}+b_0+\max_{\|\boldsymbol{\zeta}\|_p\leqslant 1}\left(\sum_{m=1}^{M}\zeta_m(\boldsymbol{a}_m^T\boldsymbol{x}+b_m)\right)\leqslant 0. \tag{2.5}$$

注意

$$\boldsymbol{y}^T\boldsymbol{z}=\sum_{m=1}^{M}y_m z_m\leqslant\|\boldsymbol{y}\|_p\|\boldsymbol{z}\|_q,\ \frac{1}{p}+\frac{1}{q}=1, \tag{2.6}$$

且不等式上界可达，例如，当 $y_m=c\cdot\operatorname{sgn}(z_m)|z_m|^{q-1}$，$m=1, 2, \cdots, M$ 时，不等式左右两边相等. 这里 $c$ 是正的常数. sgn 是符号函数：当 $z\geqslant 0$ 时，$\operatorname{sgn}(z)=1$；否则，$\operatorname{sgn}(z)=-1$.

如果式(2.6)中的 $\boldsymbol{y}\neq\boldsymbol{0}$，那么就有

$$\frac{\boldsymbol{y}^T\boldsymbol{z}}{\|\boldsymbol{y}\|_p}\leqslant\|\boldsymbol{z}\|_q, \tag{2.7}$$

即

$$\boldsymbol{y}^T\boldsymbol{z}\leqslant\|\boldsymbol{z}\|_q,\ \|\boldsymbol{y}\|_p=1. \tag{2.8}$$

当 $y_m=\|\boldsymbol{z}\|_q^{-q/p}\operatorname{sgn}(z_m)|z_m|^{q-1}$ 时，$m=1, 2, \cdots, M$，易验证 $\boldsymbol{y}^T\boldsymbol{z}=\|\boldsymbol{z}\|_q$ 及 $\|\boldsymbol{y}\|_p=1$. 因此，

$$\max_{\|\boldsymbol{y}\|_p\leqslant 1}\boldsymbol{y}^T\boldsymbol{z}=\max_{\|\boldsymbol{y}\|_p=1}\boldsymbol{y}^T\boldsymbol{z}=\|\boldsymbol{z}\|_q. \tag{2.9}$$

结合式(2.9)和式(2.5)即可得到式(2.3). □

定理 2.1.1具有一般性，它有不少有趣的特殊情况.

(1) 当 $p=\infty$，$q=1$ 时，式(2.3)可简化为

$$\sum_{m=1}^{M}|\boldsymbol{a}_m^T\boldsymbol{x}+b_m|\leqslant-\boldsymbol{a}_0^T\boldsymbol{x}-b_0. \tag{2.10}$$

它进一步写成如下线性约束（关于 $\boldsymbol{x}$ 与 $\{t_m\}$）：

$$\sum_{m=1}^{M}t_m\leqslant-\boldsymbol{a}_0^T\boldsymbol{x}-b_0,\ -t_m\leqslant\boldsymbol{a}_m^T\boldsymbol{x}+b_m\leqslant t_m,\ m=1, 2, \cdots, M. \tag{2.11}$$

(2) 当 $p=1$，$q=\infty$ 时，式(2.3)退化为

$$|\boldsymbol{a}_m^T\boldsymbol{x}+b_m|\leqslant-\boldsymbol{a}_0^T\boldsymbol{x}-b_0,\ m=1, 2, \cdots, M. \tag{2.12}$$

即以下线性不等式组

$$(\boldsymbol{a}_m+\boldsymbol{a}_0)^T\boldsymbol{x}\leqslant -b_0-b_m,\ (\boldsymbol{a}_0-\boldsymbol{a}_m)^T\boldsymbol{x}\leqslant b_m-b_0,\ m=1,\ 2,\ \cdots,\ M. \tag{2.13}$$

(3) 当 $p=2$，$q=2$ 时，式(2.3)则变为

$$\sqrt{\sum_{m=1}^{M}(\boldsymbol{a}_m^T\boldsymbol{x}+b_m)^2}\leqslant -\boldsymbol{a}_0^T\boldsymbol{x}-b_0,\ m=1,\ 2,\ \cdots,\ M. \tag{2.14}$$

这是二阶锥约束，它等价于

$$\begin{bmatrix}-\boldsymbol{a}_0^T\boldsymbol{x}-b_0\\ \boldsymbol{a}_1^T\boldsymbol{x}+b_1\\ \vdots\\ \boldsymbol{a}_M^T\boldsymbol{x}+b_M\end{bmatrix}=[-\boldsymbol{a}_0,\ \boldsymbol{a}_1,\ \cdots,\ \boldsymbol{a}_M]^T\boldsymbol{x}+\begin{bmatrix}-b_0\\ b_1\\ \vdots\\ b_M\end{bmatrix}\in\mathbb{L}^{M+1}. \tag{2.15}$$

其中，$\mathbb{L}^{M+1}$ 代表 $M+1$ 维的二阶锥（或称为 Lorentz 锥），

$$\mathbb{L}^{M+1}=\left\{\boldsymbol{x}\in\mathbb{R}^{M+1}\mid x_1\geqslant\sqrt{x_2^2+\cdots+x_{M+1}^2}\right\}. \tag{2.16}$$

### 2.1.2 其他鲁棒线性不等式模型

下面介绍其他常见的鲁棒线性不等式模型［也属于式(2.3)的特殊情况，但比较实用，故专门提出］，主要是高维方盒与椭球的不确定集合下的鲁棒线性不等式.

考虑以下鲁棒线性不等式

$$\boldsymbol{a}^T\boldsymbol{x}\leqslant b,\ \forall\boldsymbol{a}\in\mathcal{U}. \tag{2.17}$$

假设 $\mathcal{U}$ 是一个高维方盒

$$\mathcal{U}=\{\boldsymbol{a}\mid\|\boldsymbol{a}-\boldsymbol{a}_0\|_\infty\leqslant\rho\}. \tag{2.18}$$

它可等价地写为

$$\mathcal{U}=\{\boldsymbol{a}=\boldsymbol{a}_0+\rho\boldsymbol{\delta}\mid\|\boldsymbol{\delta}\|_\infty\leqslant 1\}. \tag{2.19}$$

注意 $\boldsymbol{a}=\boldsymbol{a}_0+\rho\boldsymbol{\delta}=\boldsymbol{a}_0+\sum\limits_{n=1}^{N}\delta_n(\rho\boldsymbol{e}_n)$，这里 $\boldsymbol{e}_n$ 是 $N$ 维单位矩阵的第 $n$ 列. 与不确定集合(2.1)相比，

$$b_0=-b，\boldsymbol{a}_n=\rho\boldsymbol{e}_n，b_n=0，n=1，2，\cdots，N. \tag{2.20}$$

由于 $\|\boldsymbol{\delta}\|_\infty\leqslant 1$，所以，式(2.17)等价于式(2.11)，即

$$\sum_{n=1}^{N}t_n\leqslant b-\boldsymbol{a}_0^T\boldsymbol{x}，\ -t_n\leqslant\rho x_n\leqslant t_n，n=1，2，\cdots，N. \tag{2.21}$$

换言之，以高维方盒为不确定集合的鲁棒线性不等式(2.17)，等价于

$$\boldsymbol{a}_0^T\boldsymbol{x}+\rho\sum_{n=1}^{N}t_n\leqslant b，\ -t_n\leqslant x_n\leqslant t_n，n=1，2，\cdots，N. \tag{2.22}$$

高维方盒不确定集合可以推广至以下不确定集合

$$\mathcal{U}=\{\boldsymbol{a}=\boldsymbol{a}_0+\boldsymbol{\rho}\odot\boldsymbol{\delta}\mid\|\boldsymbol{\delta}\|_\infty\leqslant 1\}. \tag{2.23}$$

其中，$\odot$ 代表 Hadamard 乘积. 显然，式(2.23)可改写成

$$\mathcal{U}=\left\{\boldsymbol{a}=\boldsymbol{a}_0+\sum_{n=1}^{N}\delta_n(\rho_n\boldsymbol{e}_n)\mid\|\boldsymbol{\delta}\|_\infty\leqslant 1\right\}. \tag{2.24}$$

因此，根据式(2.11)，即得式(2.17)等价于

$$\sum_{n=1}^{N}t_n\leqslant b-\boldsymbol{a}_0^T\boldsymbol{x}，\ -t_n\leqslant\rho_n x_n\leqslant t_n，n=1，2，\cdots，N. \tag{2.25}$$

亦即

$$\boldsymbol{a}_0^T\boldsymbol{x}+\sum_{n=1}^{N}\rho_n s_n\leqslant b，\ -s_n\leqslant x_n\leqslant s_n，n=1，2，\cdots，N. \tag{2.26}$$

其中，变量是 $(\boldsymbol{x}，\boldsymbol{s})$.

现在假设鲁棒线性不等式(2.17)中的不确定集合 $\mathcal{U}$ 是个椭球，即

$$\mathcal{U}=\{\boldsymbol{a}=\boldsymbol{a}_0+\boldsymbol{P}\boldsymbol{\delta}\mid\|\boldsymbol{\delta}\|\leqslant 1\}. \tag{2.27}$$

根据式(2.14)，易知式(2.17)在椭球不确定性下等价于二阶锥约束

$$\boldsymbol{a}_0^T\boldsymbol{x}+\|\boldsymbol{P}^T\boldsymbol{x}\|\leqslant b. \tag{2.28}$$

特别地，考虑鲁棒线性不等式

$$\boldsymbol{a}^T\boldsymbol{x} \leqslant b, \ \forall \begin{bmatrix} \boldsymbol{a} \\ b \end{bmatrix} \in \mathcal{U} = \left\{ \begin{bmatrix} \boldsymbol{a}_0 \\ b_0 \end{bmatrix} + \boldsymbol{\delta} \mid \|\boldsymbol{\delta}\| \leqslant 1 \right\}. \tag{2.29}$$

则由式(2.28)可知，它等价于

$$\sqrt{\|\boldsymbol{x}\|^2+1} \leqslant b_0 - \boldsymbol{a}_0^T\boldsymbol{x}. \tag{2.30}$$

## 2.2 鲁棒投资组合优化问题

作为鲁棒线性规划的应用，本节将介绍金融工程中的鲁棒投资组合优化问题.

假设投资者对选定的 $N$ 个金融产品（如股票）进行投资. 在某个固定的时间内，每个产品的回报（或称收益）是随机变量 $R_n$. 它的期望 $\mathrm{E}[R_n]=\mu_n$，$n=1，2，\cdots，N$；$N$ 个产品回报的协方差矩阵是 $\boldsymbol{\Sigma}$（见文献 [6]）. 记 $w_n$ 为投资在第 $n$ 种金融产品的份额，即 $\boldsymbol{w}=[w_1，\cdots，w_N]^T \in \mathbb{R}^N$ 是一投资组合向量. 不失一般性，对初始总资产进行归一化，从而有 $\boldsymbol{1}^T\boldsymbol{w}=1$. 其中，$\boldsymbol{1}$ 代表全一向量. 因此，该投资组合向量 $\boldsymbol{w}$ 的期望与方差分别是 $\boldsymbol{\mu}^T\boldsymbol{w}$（这里 $\boldsymbol{\mu}=[\mu_1,\cdots,\mu_N]^T$）与 $\boldsymbol{w}^T\boldsymbol{\Sigma}\boldsymbol{w}$，后者通常被当作该投资组合风险的度量.

如果期望 $\boldsymbol{\mu}$ 与协方差矩阵 $\boldsymbol{\Sigma}$ 是已知的，则调整风险后的回报极大化问题可以描述为（见文献 [7]）

$$\begin{aligned} \max_{\boldsymbol{w}} \quad & \boldsymbol{\mu}^T\boldsymbol{w} - \lambda\boldsymbol{w}^T\boldsymbol{\Sigma}\boldsymbol{w} \\ \text{s.t.} \quad & \boldsymbol{1}^T\boldsymbol{w}=1，\ \boldsymbol{w}\in\mathcal{W}. \end{aligned} \tag{2.31}$$

其中，$\lambda$ 是平衡风险（方差）与回报（均值）的参数，$\mathcal{W}$ 是由有限个线性矩阵不等式约束构成的凸集. 在投资实践中，$\boldsymbol{\mu}$ 和 $\boldsymbol{\Sigma}$ 均无法准确地知道，因此，必须用一些方法进行估计，并使用估计值求解式(2.31)，得到名义解. 但是由于估计的偏差，名义解不足够应付鲁棒优化问题参数的不确定性. 因此，考虑鲁棒投资组合回报极大化问题：

$$\begin{aligned} \max_{\boldsymbol{w}} \quad & \min_{\boldsymbol{\mu}\in\mathcal{U}_1} \boldsymbol{\mu}^T\boldsymbol{w} - \lambda \max_{\boldsymbol{\Sigma}\in\mathcal{U}_2} \boldsymbol{w}^T\boldsymbol{\Sigma}\boldsymbol{w} \\ \text{s.t.} \quad & \boldsymbol{1}^T\boldsymbol{w}=1，\ \boldsymbol{w}\in\mathcal{W}. \end{aligned} \tag{2.32}$$

其中，$\mathcal{U}_1$ 和 $\mathcal{U}_2$ 分别是回报向量期望 $\boldsymbol{\mu}$ 和协方差矩阵 $\boldsymbol{\Sigma}$ 的不确定集合.

首先处理 $\lambda=0$ 的情况，即问题(2.32)极大化最小均值的问题

$$\begin{aligned} \max_{\boldsymbol{w}} \quad & \min_{\boldsymbol{\mu}\in\mathcal{U}_1} \boldsymbol{\mu}^T\boldsymbol{w} \\ \text{s.t.} \quad & \mathbf{1}^T\boldsymbol{w}=1,\ \boldsymbol{w}\in\mathcal{W}. \end{aligned} \tag{2.33}$$

如果不确定集合 $\mathcal{U}_1$ 是个高维方盒，即

$$\mathcal{U}_1=\{\boldsymbol{\mu} \mid -\boldsymbol{\delta}\leqslant\boldsymbol{\mu}-\boldsymbol{\mu}_0\leqslant\boldsymbol{\delta}\}. \tag{2.34}$$

其中，$\boldsymbol{\mu}_0$ 和 $\boldsymbol{\delta}$ 是给定的向量，并分别代表方盒的位置和大小，那么易见鲁棒投资组合优化问题(2.33)内部极小问题的最优值是

$$\min_{\boldsymbol{\mu}\in\mathcal{U}_1}\boldsymbol{\mu}^T\boldsymbol{w}=\boldsymbol{\mu}_0^T\boldsymbol{w}+\min_{-\boldsymbol{\delta}\leqslant\boldsymbol{\gamma}\leqslant\boldsymbol{\delta}}\boldsymbol{\gamma}^T\boldsymbol{w}=\boldsymbol{\mu}_0^T\boldsymbol{w}-\sum_{n=1}^{N}|w_n|\delta_n. \tag{2.35}$$

鲁棒投资组合优化问题(2.33)则化为

$$\begin{aligned} \max_{\boldsymbol{w}} \quad & \boldsymbol{\mu}_0^T\boldsymbol{w}-\sum_{n=1}^{N}|w_n|\delta_n \\ \text{s.t.} \quad & \mathbf{1}^T\boldsymbol{w}=1,\ \boldsymbol{w}\in\mathcal{W}. \end{aligned} \tag{2.36}$$

而问题(2.36)可进一步等价于以下凸问题

$$\begin{aligned} \max_{\boldsymbol{w},\ t,\ \{t_n\}} \quad & \boldsymbol{\mu}_0^T\boldsymbol{w}-t \\ \text{s.t.} \quad & t\geqslant\sum_{n=1}^{N}\delta_n t_n \\ & -t_n\leqslant w_n\leqslant t_n,\ n=1,\ 2,\ \cdots,\ N \\ & \mathbf{1}^T\boldsymbol{w}=1,\ \boldsymbol{w}\in\mathcal{W}. \end{aligned} \tag{2.37}$$

现在假设不确定集合 $\mathcal{U}_1$ 是一个椭球，即

$$\mathcal{U}_1=\{\boldsymbol{\mu}=\boldsymbol{\mu}_0+\rho\boldsymbol{P}\boldsymbol{u} \mid \|\boldsymbol{u}\|\leqslant 1\}. \tag{2.38}$$

鲁棒投资组合优化问题(2.33)内部极小问题则变为

$$
\begin{aligned}
\min_{\boldsymbol{\mu},\ \boldsymbol{u}} \quad & \boldsymbol{\mu}^T \boldsymbol{w} \\
\text{s.t.} \quad & \boldsymbol{\mu} = \boldsymbol{\mu}_0 + \rho \boldsymbol{P} \boldsymbol{u} \\
& \|\boldsymbol{u}\| \leqslant 1.
\end{aligned}
\tag{2.39}
$$

可验证问题(2.39)有闭式解. 事实上,

$$
\boldsymbol{\mu}^T \boldsymbol{w} = (\boldsymbol{\mu}_0 + \rho \boldsymbol{P}\boldsymbol{u})^T \boldsymbol{w} \tag{2.40}
$$

$$
= \boldsymbol{\mu}_0^T \boldsymbol{w} + \rho (\boldsymbol{P}^T \boldsymbol{w})^T \boldsymbol{u} \tag{2.41}
$$

$$
\geqslant \boldsymbol{\mu}_0^T \boldsymbol{w} - \rho \|\boldsymbol{P}^T \boldsymbol{w}\|, \tag{2.42}
$$

其中, 当 $\boldsymbol{u} = -\boldsymbol{P}^T \boldsymbol{w}/\|\boldsymbol{P}^T \boldsymbol{w}\|$ 时, 等式成立. 因此鲁棒投资组合优化问题(2.33)化为

$$
\begin{aligned}
\max_{\boldsymbol{w}} \quad & \boldsymbol{\mu}_0^T \boldsymbol{w} - \rho \|\boldsymbol{P}^T \boldsymbol{w}\| \\
\text{s.t.} \quad & \boldsymbol{1}^T \boldsymbol{w} = 1,\ \boldsymbol{w} \in \mathcal{W}.
\end{aligned}
\tag{2.43}
$$

如果 $\mathcal{W}$ 是凸多面体, 则式(2.43)是一个二阶锥规划问题. 因此, 对应的鲁棒投资组合优化问题(2.33)是容易计算的.

## 2.3　鲁棒自适应波束形成优化问题

本节介绍阵列信号处理中的鲁棒自适应波束形成优化问题及其求解方法. 由于电磁波信号的特性, 信号处理中的多数优化问题均为复数域优化问题, 即决策变量为复数值. 本节中最优化问题均属于复数域优化问题.

考虑各向同性的 $N$ 个阵元的均匀线性天线阵列, 它的接收信号（如远场信号或点源信号）向量为

$$
\boldsymbol{x}(t) = s(t)\boldsymbol{a} + \boldsymbol{i}(t) + \boldsymbol{n}(t) \in \mathbb{C}^N. \tag{2.44}
$$

其中, $s(t)$ 为目标信号, $\boldsymbol{a}$ 是目标信号的方向向量（也称作导引向量）, $\boldsymbol{i}(t)$ 代表干扰项, $\boldsymbol{n}(t)$ 为阵元噪声. 假设 $s(t)$ 与 $\boldsymbol{i}(t) + \boldsymbol{n}(t)$ 相互独立, 阵列输出信号 $y(t)$ 等于

$$
y(t) = \boldsymbol{w}^H \boldsymbol{x}(t). \tag{2.45}
$$

其中，$\boldsymbol{w} = [w_1, \cdots, w_N]^T \in \mathbb{C}^N$ 是波束形成向量，$(\cdot)^H$ 代表共轭转置.

阵列的输出信干噪比定义为

$$\mathrm{SINR} = \frac{\sigma_s^2 \boldsymbol{w}^H \boldsymbol{R}_s \boldsymbol{w}}{\boldsymbol{w}^H \boldsymbol{R}_{i+n} \boldsymbol{w}}. \tag{2.46}$$

其中，$\sigma_s^2$ 为目标信号功率，$\boldsymbol{R}_{i+n} \triangleq \mathrm{E}\left[(\boldsymbol{i}(t)+\boldsymbol{n}(t))(\boldsymbol{i}(t)+\boldsymbol{n}(t))^H\right]$ 是干扰加噪声的协方差矩阵，$\boldsymbol{R}_s = \boldsymbol{a}\boldsymbol{a}^H$ 是目标信号的协方差矩阵. 阵列的输出信干噪比值是度量天线阵列的主要性能指标之一.

在信号处理中，为保证目标信号正常接收，应尽量抑制干扰信号和增加输出的信干噪比. 在自适应阵列天线系统中，通过调整波束形成向量，以达到极大化信干噪比的目的，即

$$\max_{\boldsymbol{w}} \frac{\boldsymbol{w}^H \boldsymbol{a}\boldsymbol{a}^H \boldsymbol{w}}{\boldsymbol{w}^H \boldsymbol{R}_{i+n} \boldsymbol{w}}. \tag{2.47}$$

显然，问题(2.47)的最优波束形成向量解是

$$\boldsymbol{w}^\star = \frac{1}{\boldsymbol{a}^H \boldsymbol{R}_{i+n}^{-1} \boldsymbol{a}} \boldsymbol{R}_{i+n}^{-1} \boldsymbol{a}. \tag{2.48}$$

在实际应用中，很难获得干扰加噪声的协方差矩阵 $\boldsymbol{R}_{i+n}$，于是用采样矩阵

$$\hat{\boldsymbol{R}} = \frac{1}{T} \sum_{t=1}^{T} \boldsymbol{x}(t)\boldsymbol{x}(t)^H \tag{2.49}$$

替代 $\boldsymbol{R}_{i+n}$，$T$ 为快拍数，得到最优波束形成向量

$$\boldsymbol{w}^\star = \frac{1}{\boldsymbol{a}^H \hat{\boldsymbol{R}}^{-1} \boldsymbol{a}} \hat{\boldsymbol{R}}^{-1} \boldsymbol{a}, \tag{2.50}$$

以及最优信干噪比值 $\sigma_s^2 \boldsymbol{a}^H \hat{\boldsymbol{R}}^{-1} \boldsymbol{a}$. 这里，我们假设 $\hat{\boldsymbol{R}}$ 充分地接近 $\boldsymbol{R}_{i+n}$.

再者，目标信号的实际来波方向向量 $\boldsymbol{a}$ 与预计的信号方向向量 $\boldsymbol{a}_0$ 往往存在偏差（其中，$\|\boldsymbol{a}_0\|^2 = N$）. 如果用 $\boldsymbol{a}_0$ 取代问题(2.47)中的 $\boldsymbol{a}$，那么获得的最大信干噪比是 $\sigma_s^2 \boldsymbol{a}_0^H \hat{\boldsymbol{R}}^{-1} \boldsymbol{a}_0$. 上述偏差可使得阵列的性能显著下降. 因此，必须找到一个鲁棒解使得它可以应对这种偏差带来的性能下降.

假设信号方向向量的偏差为

$$\boldsymbol{\delta} = \boldsymbol{a} - \boldsymbol{a}_0，且\|\boldsymbol{\delta}\|^2 \leqslant \epsilon. \tag{2.51}$$

则信干噪比极大化问题(2.47)的鲁棒对等问题是

$$\max_{\boldsymbol{w}} \min_{\|\boldsymbol{a}-\boldsymbol{a}_0\|^2 \leqslant \epsilon} \frac{|\boldsymbol{a}^H \boldsymbol{w}|^2}{\boldsymbol{w}^H \hat{\boldsymbol{R}} \boldsymbol{w}}. \tag{2.52}$$

易见，鲁棒自适应波束形成优化问题(2.52)可以写为（亦可参考文献 [8]）

$$\begin{aligned} \min_{\boldsymbol{w}} \quad & \boldsymbol{w}^H \hat{\boldsymbol{R}} \boldsymbol{w} \\ \text{s.t.} \quad & |\boldsymbol{a}^H \boldsymbol{w}| \geqslant 1，\forall \boldsymbol{a} : \|\boldsymbol{a} - \boldsymbol{a}_0\|^2 \leqslant \epsilon. \end{aligned} \tag{2.53}$$

注意

$$|\boldsymbol{a}^H \boldsymbol{w}| = |(\boldsymbol{a}_0 + \boldsymbol{\delta})^H \boldsymbol{w}| \tag{2.54}$$

$$\geqslant |\boldsymbol{a}_0^H \boldsymbol{w}| - |\boldsymbol{\delta}^H \boldsymbol{w}| \tag{2.55}$$

$$\geqslant |\boldsymbol{a}_0^H \boldsymbol{w}| - \|\boldsymbol{\delta}\| \|\boldsymbol{w}\| \tag{2.56}$$

$$\geqslant |\boldsymbol{a}_0^H \boldsymbol{w}| - \sqrt{\epsilon} \|\boldsymbol{w}\|. \tag{2.57}$$

当

$$\boldsymbol{\delta} = -\sqrt{\epsilon} \frac{\boldsymbol{w}}{\|\boldsymbol{w}\|} \mathrm{e}^{-\mathrm{j} \arg(\boldsymbol{a}_0^H \boldsymbol{w})}. \tag{2.58}$$

上述不等式变为等式（假设 $|\boldsymbol{a}_0^H \boldsymbol{w}| \geqslant \sqrt{\epsilon}\|\boldsymbol{w}\|$）. 因此，鲁棒问题(2.53)可等价地转化为

$$\begin{aligned} \min_{\boldsymbol{w}} \quad & \boldsymbol{w}^H \hat{\boldsymbol{R}} \boldsymbol{w} \\ \text{s.t.} \quad & |\boldsymbol{a}_0^H \boldsymbol{w}| - \sqrt{\epsilon} \|\boldsymbol{w}\| \geqslant 1. \end{aligned} \tag{2.59}$$

由于 $\boldsymbol{w}$ 任意的相位旋转 $\mathrm{e}^{-\mathrm{j}\theta}\boldsymbol{w}$，$\forall \theta \in [0，2\pi)$，均不改变式(2.59)的目标和约束函数，所以不难证明式(2.59)等同于下面的二阶锥规划问题

$$\begin{aligned} \min_{\boldsymbol{w}} \quad & \boldsymbol{w}^H \hat{\boldsymbol{R}} \boldsymbol{w} \\ \text{s.t.} \quad & \Re(\boldsymbol{a}_0^H \boldsymbol{w}) - 1 \geqslant \sqrt{\epsilon} \|\boldsymbol{w}\|. \end{aligned} \tag{2.60}$$

换言之，鲁棒自适应波束形成优化问题(2.52)等价于上述凸问题，因此可以高效地求解.

## 2.4 线性锥规划的方法

### 2.4.1 强对偶方法

考虑以下鲁棒线性不等式

$$\boldsymbol{a}^T\boldsymbol{x}+b \leqslant 0,\ \forall \begin{bmatrix} \boldsymbol{a} \\ b \end{bmatrix} \in \mathcal{U} = \left\{ \begin{bmatrix} \boldsymbol{a}_0 \\ b_0 \end{bmatrix} + \sum_{m=1}^{M} \zeta_m \begin{bmatrix} \boldsymbol{a}_m \\ b_m \end{bmatrix} \mid \boldsymbol{\zeta} \in \mathcal{Z} \right\}. \tag{2.61}$$

其中，扰动集合定义为

$$\mathcal{Z} = \{\boldsymbol{\zeta} \in \mathbb{R}^M \mid \exists \boldsymbol{u} \in \mathbb{R}^K,\ \boldsymbol{P}\boldsymbol{\zeta} + \boldsymbol{Q}\boldsymbol{u} + \boldsymbol{p} \in \mathcal{K}\}. \tag{2.62}$$

在上述扰动集合中，$\mathcal{K} \subset \mathbb{R}^L$ 是闭凸点锥，$\boldsymbol{P}$，$\boldsymbol{Q}$ 与 $\boldsymbol{p}$ 均为给定的矩阵与向量. 如果 $\mathcal{K}$ 不是多面体锥，则另假设存在 $(\bar{\boldsymbol{\zeta}},\ \bar{\boldsymbol{u}})$ 使得

$$\boldsymbol{P}\bar{\boldsymbol{\zeta}} + \boldsymbol{Q}\bar{\boldsymbol{u}} + \boldsymbol{p} \in \operatorname{int}\mathcal{K}. \tag{2.63}$$

这里 $\operatorname{int}\mathcal{K}$ 代表锥 $\mathcal{K}$ 的内部. 令 $\mathcal{K}^*$ 为 $\mathcal{K}$ 的对偶锥，即

$$\mathcal{K}^* = \{\boldsymbol{y} \in \mathbb{R}^L \mid \boldsymbol{z}^T\boldsymbol{y} \geqslant 0,\ \forall \boldsymbol{z} \in \mathcal{K}\}. \tag{2.64}$$

**定理 2.4.1** 假设闭凸点锥 $\mathcal{K}$ 满足内点条件(2.63)（若该锥 $\mathcal{K}$ 是多面体锥，则可不需要此内点条件）. 以式(2.62)为扰动集合的半无穷约束(2.61)等价于以下关于 $\boldsymbol{x} \in \mathbb{R}^N$ 和 $\boldsymbol{y} \in \mathbb{R}^L$ 的条件

$$\boldsymbol{p}^T\boldsymbol{y} + \boldsymbol{a}_0^T\boldsymbol{x} + b_0 \leqslant 0, \tag{2.65}$$

$$\boldsymbol{Q}^T\boldsymbol{y} = \boldsymbol{0}, \tag{2.66}$$

$$\boldsymbol{p}_m^T\boldsymbol{y} + \boldsymbol{a}_m^T\boldsymbol{x} + b_m = 0,\ m = 1,\ 2,\ \cdots,\ M, \tag{2.67}$$

$$\boldsymbol{y} \in \mathcal{K}^*. \tag{2.68}$$

其中，$\boldsymbol{P} = [\boldsymbol{p}_1,\ \cdots,\ \boldsymbol{p}_M]$.

**证明**：设 $\boldsymbol{x}$ 满足鲁棒线性不等式(2.61)，则有

$$\boldsymbol{a}_0^T\boldsymbol{x} + b_0 + \sup_{\boldsymbol{\zeta} \in \mathcal{Z}} \sum_{m=1}^{M} \zeta_m(\boldsymbol{a}_m^T\boldsymbol{x} + b_m) \leqslant 0, \tag{2.69}$$

即

$$\sup_{\zeta\in\mathcal{Z}}\sum_{m=1}^{M}\zeta_m(\boldsymbol{a}_m^T\boldsymbol{x}+b_m)\leqslant-\boldsymbol{a}_0^T\boldsymbol{x}-b_0. \tag{2.70}$$

它等价于

$$\max_{\boldsymbol{\zeta},\ \boldsymbol{u}}\left\{\sum_{m=1}^{M}\zeta_m(\boldsymbol{a}_m^T\boldsymbol{x}+b_m)\mid \boldsymbol{P\zeta}+\boldsymbol{Qu}+\boldsymbol{p}\in\mathcal{K}\right\}\leqslant-\boldsymbol{a}_0^T\boldsymbol{x}-b_0. \tag{2.71}$$

因为式(2.71)表明不等式左边的极大化问题是上有界的,并满足内点条件(2.63),所以由线性锥规划问题的强对偶定理（见文献 [9]，定理 2.4.1），可知该极大化问题的对偶问题是可解的（存在可行解使得对应的目标函数值等于最优值），且对偶间隙为零. 换言之，该对偶问题

$$\begin{aligned}\min_{\boldsymbol{y}}\quad & \boldsymbol{p}^T\boldsymbol{y}\\ \text{s.t.}\quad & \boldsymbol{Q}^T\boldsymbol{y}=\boldsymbol{0}\\ & \boldsymbol{p}_m^T\boldsymbol{y}=-\boldsymbol{a}_m^T\boldsymbol{x}-b_m,\ m=1,\ 2,\ \cdots,\ M\\ & \boldsymbol{y}\in\mathcal{K}^*.\end{aligned} \tag{2.72}$$

是可解的，且它的最优值等于式(2.71)中极大化问题的最优值. 结合式(2.71)和式(2.72)立即可得结论. □

如果上述定理中的锥是正锥 $\mathbb{R}_+^L=\{\boldsymbol{y}\in\mathbb{R}^L\mid\boldsymbol{y}\geqslant\boldsymbol{0}\}$ 时，那么无须内点条件(2.63)，定理即可成立. 由于正锥是自对偶的（它的对偶等于它本身），所以式(2.68)可改为 $\boldsymbol{y}\in\mathcal{K}=\mathbb{R}_+^L$. 因此式(2.65)～ 式(2.68)均为线性约束.

如果定理 2.4.1中的锥是二阶锥 $\mathbb{L}^L$[见式(2.16)]，那么将式(2.68) 改为 $\boldsymbol{y}\in\mathcal{K}=\mathbb{L}^L$（它也是自对偶的）即可. 如果该定理中的锥是半正定锥，即

$$\mathcal{K}=\mathcal{S}_+^L=\{\boldsymbol{X}\in\mathcal{S}^L\mid\boldsymbol{X}\succeq\boldsymbol{0}\}, \tag{2.73}$$

这里 $\mathcal{S}^L$ 代表全体 $L\times L$ 实对称矩阵，那么扰动集合可定义为

$$\mathcal{Z}=\left\{\boldsymbol{\zeta}\mid\exists\boldsymbol{u}\in\mathbb{R}^K,\ \sum_{m=1}^{M}\boldsymbol{P}_m\zeta_m+\sum_{k=1}^{K}\boldsymbol{Q}_ku_k+\boldsymbol{P}\succeq\boldsymbol{0}\,(\in\mathcal{S}_+^L)\right\}. \tag{2.74}$$

其中，$\{\boldsymbol{P}_m\}$，$\{\boldsymbol{Q}_k\}$ 和 $\boldsymbol{P}$ 均为给定的对称矩阵. 注意半正定锥也是自对偶锥，因此，式(2.65)～ 式(2.68)可改写成

$$\operatorname{tr}(\boldsymbol{PY})+\boldsymbol{a}_0^T\boldsymbol{x}+b_0\leqslant 0, \tag{2.75}$$

$$\mathrm{tr}\,(\boldsymbol{Q}_k\boldsymbol{Y})=0,\ k=1,\ 2,\ \cdots,\ K, \tag{2.76}$$

$$\mathrm{tr}\,(\boldsymbol{P}_m\boldsymbol{Y})+\boldsymbol{a}_m^T\boldsymbol{x}+b_m=0,\ m=1,\ 2,\ \cdots,\ M, \tag{2.77}$$

$$\boldsymbol{Y}\succeq\boldsymbol{0}. \tag{2.78}$$

当式(2.62)中的锥是若干个闭凸点锥$\mathcal{K}_s$（$s=1,\ 2,\ \cdots,\ S$）的直积，即$\mathcal{K}=\mathcal{K}_1\times\cdots\times\mathcal{K}_S$，则该扰动集合可写为

$$\mathcal{Z}=\{\boldsymbol{\zeta}\mid\exists\boldsymbol{u}_1,\ \cdots,\ \boldsymbol{u}_S,\ \boldsymbol{P}^s\boldsymbol{\zeta}+\boldsymbol{Q}_s\boldsymbol{u}_s+\boldsymbol{p}_s\in\mathcal{K}_s,\ s=1,\ 2,\ \cdots,\ S\}. \tag{2.79}$$

如果存在$(\bar{\boldsymbol{\zeta}},\ \bar{\boldsymbol{u}}_1,\ \cdots,\ \bar{\boldsymbol{u}}_S)$使得$\boldsymbol{P}^s\bar{\boldsymbol{\zeta}}+\boldsymbol{Q}_s\bar{\boldsymbol{u}}_s+\boldsymbol{p}_s\in\mathrm{int}\,\mathcal{K}_s, s=1,\ 2,\ \cdots,\ S$（若所有$\mathcal{K}_s$是多面体锥，则无须要求此内点条件），那么以式(2.79)为扰动集合的半无穷约束(2.61)等价于以$\boldsymbol{x}$，$\boldsymbol{y}_1$，$\cdots$，$\boldsymbol{y}_S$为变量的下列有限个锥约束

$$\sum_{s=1}^{S}\boldsymbol{p}_s^T\boldsymbol{y}_s+\boldsymbol{a}_0^T\boldsymbol{x}+b_0\leqslant 0, \tag{2.80}$$

$$\boldsymbol{Q}_s^T\boldsymbol{y}_s=\boldsymbol{0},\ s=1,\ 2,\ \cdots,\ S, \tag{2.81}$$

$$\sum_{s=1}^{S}\boldsymbol{p}_m^{sT}\boldsymbol{y}_s+\boldsymbol{a}_m^T\boldsymbol{x}+b_m=0,\ m=1,\ 2,\ \cdots,\ M, \tag{2.82}$$

$$\boldsymbol{y}_s\in\mathcal{K}_s^*,\ s=1,\ 2,\ \cdots,\ S. \tag{2.83}$$

其中，$\boldsymbol{P}^s=[\boldsymbol{p}_1^s,\ \cdots,\ \boldsymbol{p}_M^s]$，$\mathcal{K}_s^*$是$\mathcal{K}_s$的对偶锥，$s=1,\ 2,\ \cdots,\ S$.

### 2.4.2　几种特殊的扰动集合

考虑鲁棒线性不等式约束

$$(\boldsymbol{a}+\boldsymbol{P}\boldsymbol{u})^T\boldsymbol{x}\leqslant b,\ \forall\boldsymbol{u}:\boldsymbol{D}\boldsymbol{u}\leqslant\boldsymbol{d}. \tag{2.84}$$

不难看出它等价于

$$\max_{\boldsymbol{D}\boldsymbol{u}\leqslant\boldsymbol{d}}(\boldsymbol{P}^T\boldsymbol{x})^T\boldsymbol{u}\leqslant b-\boldsymbol{a}^T\boldsymbol{x}. \tag{2.85}$$

不等式(2.85)的左边是个线性规划问题，它的对偶问题是

$$\begin{aligned}\min_{\boldsymbol{z}}\quad & \boldsymbol{d}^T\boldsymbol{z}\\ \text{s.t.}\quad & \boldsymbol{D}^T\boldsymbol{z}=\boldsymbol{P}^T\boldsymbol{x}\\ & \boldsymbol{z}\geqslant\boldsymbol{0}.\end{aligned} \tag{2.86}$$

假设原始问题和对偶问题的可行集均为非空，则根据线性规划的强对偶定理，式(2.85)等价于以下以 $\boldsymbol{x}$ 和 $\boldsymbol{z}$ 为变量的线性约束

$$\boldsymbol{d}^T\boldsymbol{z}+\boldsymbol{a}^T\boldsymbol{x}\leqslant b，\ \boldsymbol{D}^T\boldsymbol{z}=\boldsymbol{P}^T\boldsymbol{x}，\ \boldsymbol{z}\geqslant\boldsymbol{0}. \tag{2.87}$$

考虑另外一个例子. 假设鲁棒线性不等式(2.61)及其扰动集合定义如下

$$\mathcal{Z}=\left\{\boldsymbol{\zeta}\in\mathbb{R}^M \mid -1\leqslant\zeta_m\leqslant 1，\ m=1，\ 2，\ \cdots，\ M，\ \sqrt{\sum_{m=1}^{M}\frac{\zeta_m^2}{\sigma_m^2}}\leqslant\Omega\right\}. \tag{2.88}$$

显然，此扰动集合可改写为标准的形式

$$\mathcal{Z}=\left\{\boldsymbol{\zeta}\in\mathbb{R}^M \mid \begin{bmatrix}\boldsymbol{I}\\ -\boldsymbol{I}\end{bmatrix}\boldsymbol{\zeta}+\begin{bmatrix}\boldsymbol{1}\\ \boldsymbol{1}\end{bmatrix}\in\mathbb{R}_+^{2M}，\ \begin{bmatrix}\boldsymbol{0}\\ \boldsymbol{\Sigma}^{-1}\end{bmatrix}\boldsymbol{\zeta}+\begin{bmatrix}\Omega\\ \boldsymbol{0}\end{bmatrix}\in\mathbb{L}^{M+1}\right\}. \tag{2.89}$$

其中，$\boldsymbol{\Sigma}=\mathrm{Diag}\,(\sigma_1，\ \cdots，\ \sigma_M)$ 是对角矩阵且主对角元素为 $\sigma_m$，$\forall m$. 当 $\boldsymbol{\zeta}=\boldsymbol{0}$，则有 $[\Omega，\ \boldsymbol{0}]^T\in\mathrm{int}\,\mathbb{L}^{M+1}$. 根据式(2.80)～ 式(2.83)，则存在 $\boldsymbol{y}_1$，$\boldsymbol{y}_2$，$\boldsymbol{z}\in\mathbb{R}^M$ 和实数 $z$，使得

$$\boldsymbol{1}^T\boldsymbol{y}_1+\boldsymbol{1}^T\boldsymbol{y}_2+\Omega z+\boldsymbol{a}_0^T\boldsymbol{x}+b_0\leqslant 0， \tag{2.90}$$

$$\boldsymbol{y}_1-\boldsymbol{y}_2+\boldsymbol{\Sigma}^{-1}\boldsymbol{z}+\begin{bmatrix}\boldsymbol{a}_1^T\boldsymbol{x}+b_1\\ \vdots\\ \boldsymbol{a}_M^T\boldsymbol{x}+b_M\end{bmatrix}=\boldsymbol{0}， \tag{2.91}$$

$$\boldsymbol{y}_2\geqslant\boldsymbol{0}，\ \boldsymbol{y}_2\geqslant\boldsymbol{0}，\ z\geqslant\|\boldsymbol{z}\|. \tag{2.92}$$

注意，式(2.90)～ 式(2.92)并非扰动集合为式(2.88)的鲁棒约束(2.61) 的唯一凸表示. 事实上，如果把条件 $-1\leqslant\zeta_m\leqslant 1$，$m=1，\ 2，\ \cdots，\ M$ 视为锥约束 $1\geqslant\|\boldsymbol{\zeta}\|_\infty$，那么可类似推导出另一组与式(2.61)等价的凸约束（见文献 [2]）.

再举一个例子. 假设半无穷约束

$$(\boldsymbol{a}+\boldsymbol{P}\boldsymbol{u})^T\boldsymbol{x}\leqslant b，\ \forall\boldsymbol{u}:\boldsymbol{A}_0+\sum_{m=1}^{M}u_m\boldsymbol{A}_m\succeq\boldsymbol{0}， \tag{2.93}$$

这里，$\boldsymbol{A}_0$，$\boldsymbol{A}_1$，$\cdots$，$\boldsymbol{A}_M \in \mathcal{S}^K$ 是给定的对称矩阵，且满足内点条件：存在 $\bar{\boldsymbol{u}}$ 使得 $\boldsymbol{A}_0 + \sum\limits_{m=1}^{M} \bar{u}_m \boldsymbol{A}_m \succ \boldsymbol{0}$. 约束(2.93)可以重写为

$$(\boldsymbol{P}^T\boldsymbol{x})^T\boldsymbol{u} \leqslant b - \boldsymbol{a}^T\boldsymbol{x}，\ \forall \boldsymbol{u} \in \mathcal{U} = \{\boldsymbol{u} \in \mathbb{R}^M \mid \boldsymbol{A}_0 + \sum_{m=1}^{M} u_m \boldsymbol{A}_m \succeq \boldsymbol{0}\}. \tag{2.94}$$

则式(2.94)进一步化为

$$\max_{\boldsymbol{u}\in\mathcal{U}} \ (\boldsymbol{P}^T\boldsymbol{x})^T\boldsymbol{u} \leqslant b - \boldsymbol{a}^T\boldsymbol{x}. \tag{2.95}$$

上述不等式左边极大化问题的对偶问题是

$$\begin{aligned} \min_{\boldsymbol{X}} \quad & \operatorname{tr}(\boldsymbol{A}_0\boldsymbol{X}) \\ \text{s.t.} \quad & \begin{bmatrix} \operatorname{tr}(\boldsymbol{A}_1\boldsymbol{X}) \\ \vdots \\ \operatorname{tr}(\boldsymbol{A}_M\boldsymbol{X}) \end{bmatrix} = -\boldsymbol{P}^T\boldsymbol{x} \\ & \boldsymbol{X} \succeq \boldsymbol{0}. \end{aligned} \tag{2.96}$$

由于式(2.95)中的极大化问题满足内点条件且上有界，因此，它和问题(2.96)满足强对偶定理，即它们最优值相等且问题(2.96)是可解的. 由此，式(2.93)等价于：存在 $\boldsymbol{X} \succeq \boldsymbol{0}$ 使得

$$\operatorname{tr}(\boldsymbol{A}_0\boldsymbol{X}) \leqslant b - \boldsymbol{a}^T\boldsymbol{x}，\ \boldsymbol{P}^T\boldsymbol{x} + \begin{bmatrix} \operatorname{tr}(\boldsymbol{A}_1\boldsymbol{X}) \\ \vdots \\ \operatorname{tr}(\boldsymbol{A}_M\boldsymbol{X}) \end{bmatrix} = \boldsymbol{0}. \tag{2.97}$$

## 2.5 平衡风险后的鲁棒投资组合回报极大化问题

本节继续介绍鲁棒投资组合优化问题，使用的鲁棒优化工具主要是线性锥规划问题的强对偶定理，从而将鲁棒优化问题转化为半正定规划问题等.

考虑平衡风险后的鲁棒投资组合回报极大化问题(2.32)，即

$$\begin{aligned} \max_{\boldsymbol{w}} \quad & \min_{\boldsymbol{\mu}\in\mathcal{U}_1} \boldsymbol{\mu}^T\boldsymbol{w} - \lambda \max_{\boldsymbol{\Sigma}\in\mathcal{U}_2} \boldsymbol{w}^T\boldsymbol{\Sigma}\boldsymbol{w} \\ \text{s.t.} \quad & \boldsymbol{1}^T\boldsymbol{w} = 1，\ \boldsymbol{w} \in \mathcal{W}. \end{aligned} \tag{2.98}$$

2.2节已经讨论了 $\lambda = 0$ 的情况，即当 $\mathcal{U}_1$ 是高维方盒或椭球时，鲁棒问题(2.98)均可转化为凸问题. 现假设平衡系数 $\lambda \neq 0$ 及不确定集合

$$\mathcal{U}_2 = \{\boldsymbol{\Sigma} \mid \boldsymbol{V}_2 \leqslant \boldsymbol{\Sigma} \leqslant \boldsymbol{V}_1，\ \boldsymbol{\Sigma} \succeq \boldsymbol{0}\} \tag{2.99}$$

是高维方盒与半正定锥的交集. 其中，$\boldsymbol{V}_1$ 和 $\boldsymbol{V}_2$ 是给定的对称矩阵. 于是，鲁棒问题(2.98)的目标函数中的极大化问题可写成

$$\begin{aligned} \max_{\boldsymbol{\Sigma}} \quad & \boldsymbol{w}^T\boldsymbol{\Sigma}\boldsymbol{w} \\ \text{s.t.} \quad & \boldsymbol{V}_2 \leqslant \boldsymbol{\Sigma} \leqslant \boldsymbol{V}_1 \\ & \boldsymbol{\Sigma} \succeq \boldsymbol{0}. \end{aligned} \tag{2.100}$$

假设原始问题(2.100)对应的对偶变量是 $\boldsymbol{Z}_1$ 和 $\boldsymbol{Z}_2$，那么拉格朗日函数可以写为

$$L(\boldsymbol{w}，\boldsymbol{Z}_1，\boldsymbol{Z}_2) = \boldsymbol{w}^T\boldsymbol{\Sigma}\boldsymbol{w} + \operatorname{tr}((\boldsymbol{V}_1 - \boldsymbol{\Sigma})\boldsymbol{Z}_1) + \operatorname{tr}((\boldsymbol{\Sigma} - \boldsymbol{V}_2)\boldsymbol{Z}_2) \tag{2.101}$$

$$= \operatorname{tr}((\boldsymbol{w}\boldsymbol{w}^T - \boldsymbol{Z}_1 + \boldsymbol{Z}_2)\boldsymbol{\Sigma}) + \operatorname{tr}(\boldsymbol{V}_1\boldsymbol{Z}_1) - \operatorname{tr}(\boldsymbol{V}_2\boldsymbol{Z}_2). \tag{2.102}$$

因此，不难计算它的对偶问题为

$$\begin{aligned} \min_{Z_1，Z_2} \quad & \operatorname{tr}(\boldsymbol{V}_1\boldsymbol{Z}_1) - \operatorname{tr}(\boldsymbol{V}_2\boldsymbol{Z}_2) \\ \text{s.t.} \quad & \begin{bmatrix} \boldsymbol{Z}_1 - \boldsymbol{Z}_2 & \boldsymbol{w} \\ \boldsymbol{w}^T & 1 \end{bmatrix} \succeq \boldsymbol{0} \\ & \boldsymbol{Z}_1 \geqslant \boldsymbol{0}，\ \boldsymbol{Z}_2 \geqslant \boldsymbol{0}. \end{aligned} \tag{2.103}$$

易见，$((2 + \|\boldsymbol{w}\|^2)\boldsymbol{I}，\boldsymbol{I})$ 是对偶可行集的内点. 注意原始问题(2.100)是可行的（我们假设不确定集合 $\mathcal{U}_2$ 非空），因此，根据强对偶定理可知问题(2.100)和问题(2.103)的对偶间隙为零.

如果 $\mathcal{U}_1$ 是椭球约束(2.38)，则结合式(2.43)，鲁棒问题(2.98) 等价于以下

问题

$$
\begin{aligned}
\max_{\boldsymbol{w},\boldsymbol{Z}_1,\boldsymbol{Z}_2} \quad & \boldsymbol{\mu}_0^T\boldsymbol{w} - \rho\|\boldsymbol{P}^T\boldsymbol{w}\| - \lambda(\mathrm{tr}\,(\boldsymbol{V}_1\boldsymbol{Z}_1) - \mathrm{tr}\,(\boldsymbol{V}_2\boldsymbol{Z}_2)) \\
\text{s.t.} \quad & \begin{bmatrix} \boldsymbol{Z}_1 - \boldsymbol{Z}_2 & \boldsymbol{w} \\ \boldsymbol{w}^T & 1 \end{bmatrix} \succeq \boldsymbol{0} \\
& \boldsymbol{1}^T\boldsymbol{w} = 1 \\
& \boldsymbol{Z}_1 \geqslant \boldsymbol{0},\ \boldsymbol{Z}_2 \geqslant \boldsymbol{0},\ \boldsymbol{w} \in \mathcal{W}.
\end{aligned} \tag{2.104}
$$

显然，如果 $\mathcal{W}$ 是个凸多面体，那么以上问题是一个线性锥规划问题，或者更具体地说，这是半正定规划问题. 因此，它可以高效地求解.

## 2.6 非凸信号方向向量不确定集合的鲁棒自适应波束形成问题

在 2.3节中，我们讨论过信干噪比极大化问题的鲁棒对等问题(2.52)，即

$$
\max_{\boldsymbol{w}} \min_{\boldsymbol{a}\in\mathcal{A}} \frac{|\boldsymbol{a}^H\boldsymbol{w}|^2}{\boldsymbol{w}^H\hat{\boldsymbol{R}}\boldsymbol{w}}. \tag{2.105}
$$

其中，不确定集合

$$
\mathcal{A} = \{\boldsymbol{a} \mid \|\boldsymbol{a} - \boldsymbol{a}_0\|^2 \leqslant \epsilon\}, \tag{2.106}
$$

且有 $\|\boldsymbol{a}_0\|^2 = N$. 这里，目标信号方向向量的不确定性是由预估值 $\boldsymbol{a}_0$ 的偏差引起的. 在实际情况下，阵列的阵元位置误差等（见文献 [10]，3.2 节）导致信号方向向量增益的扰动，并可描述为 $N - \eta_2 \leqslant \|\boldsymbol{a}\|^2 \leqslant N + \eta_1$，这里 $\eta_1$ 和 $\eta_2$ 表示扰动范围. 因此，信号方向向量的不确定集合(2.106)可进一步推广至以下非凸集合

$$
\mathcal{A} = \{\boldsymbol{a} \mid \|\boldsymbol{a} - \boldsymbol{a}_0\|^2 \leqslant \epsilon,\ N - \eta_2 \leqslant \|\boldsymbol{a}\|^2 \leqslant N + \eta_1\}. \tag{2.107}
$$

易见，鲁棒自适应波束形成问题(2.105)可以写为

$$
\begin{aligned}
\min_{\boldsymbol{w}} \quad & \boldsymbol{w}^H\hat{\boldsymbol{R}}\boldsymbol{w} \\
\text{s.t.} \quad & \min_{\boldsymbol{a}\in\mathcal{A}} |\boldsymbol{a}^H\boldsymbol{w}|^2 \geqslant 1.
\end{aligned} \tag{2.108}
$$

因此，上述问题约束中的极小化问题是

$$\begin{aligned}\min_{\boldsymbol{a}} \quad & \boldsymbol{a}^H\boldsymbol{w}\boldsymbol{w}^H\boldsymbol{a}\\ \text{s.t.} \quad & \|\boldsymbol{a}-\boldsymbol{a}_0\|^2 \leqslant \epsilon\\ & N-\eta_2 \leqslant \|\boldsymbol{a}\|^2 \leqslant N+\eta_1.\end{aligned} \tag{2.109}$$

下面验证问题(2.108)等价于一个关于 $\boldsymbol{w}$ 的二次矩阵不等式问题. 实际上，问题(2.109)是非齐次的二次约束二次规划问题. 显然，它等同于以下齐次的问题

$$\begin{aligned}\min_{\boldsymbol{x}} \quad & \boldsymbol{x}^H\boldsymbol{A}_0\boldsymbol{x}\\ \text{s.t.} \quad & \boldsymbol{x}^H\boldsymbol{A}_1\boldsymbol{x} \leqslant 0\\ & N-\eta_2 \leqslant \boldsymbol{x}^H\boldsymbol{A}_2\boldsymbol{x} \leqslant N+\eta_1\\ & \boldsymbol{x}^H\boldsymbol{A}_3\boldsymbol{x} = 1.\end{aligned} \tag{2.110}$$

其中，$\boldsymbol{x}=[\boldsymbol{a}^T，t]^T \in \mathbb{C}^{N+1}$，

$$\boldsymbol{A}_0 = \begin{bmatrix} \boldsymbol{w}\boldsymbol{w}^H & \boldsymbol{0}\\ \boldsymbol{0} & 0\end{bmatrix}，\boldsymbol{A}_1 = \begin{bmatrix} \boldsymbol{I} & -\boldsymbol{a}_0\\ -\boldsymbol{a}_0^H & \|\boldsymbol{a}_0\|^2-\epsilon\end{bmatrix}， \tag{2.111}$$

及

$$\boldsymbol{A}_2 = \begin{bmatrix} \boldsymbol{I} & \boldsymbol{0}\\ \boldsymbol{0} & 0\end{bmatrix}，\boldsymbol{A}_3 = \begin{bmatrix} \boldsymbol{0} & \boldsymbol{0}\\ \boldsymbol{0} & 1\end{bmatrix}， \tag{2.112}$$

并且问题(2.109)的最优值与问题(2.110)的最优值相等，即

$$v^\star((2.109)) = v^\star((2.110)). \tag{2.113}$$

式中，$v^\star(\cdot)$ 代表问题的最优值. 同时，若 $\boldsymbol{x}^\star=[\boldsymbol{a}^{\star T}，t^\star]^T$ 是问题(2.110)的最优解，则 $\boldsymbol{a}^\star/t^\star$ 是问题(2.109)的最优解.

众所周知，问题(2.110)的半正定松弛问题是

$$\begin{aligned}\min_{\boldsymbol{X}} \quad & \operatorname{tr}(\boldsymbol{A}_0\boldsymbol{X})\\ \text{s.t.} \quad & \operatorname{tr}(\boldsymbol{A}_1\boldsymbol{X}) \leqslant 0\\ & N-\eta_2 \leqslant \operatorname{tr}(\boldsymbol{A}_2\boldsymbol{X}) \leqslant N+\eta_1\\ & \operatorname{tr}(\boldsymbol{A}_3\boldsymbol{X}) = 1\\ & \boldsymbol{X} \succeq \boldsymbol{0},\end{aligned} \tag{2.114}$$

且它的对偶问题是

$$\begin{array}{ll} \max\limits_{\{y_i\}} & (N-\eta_2)y_2+(N+\eta_1)y_3+y_4 \\ \text{s.t.} & \boldsymbol{A}_0-y_1\boldsymbol{A}_1-(y_2+y_3)\boldsymbol{A}_2-y_4\boldsymbol{A}_3\succeq \boldsymbol{0} \\ & y_1\leqslant 0,\ y_2\geqslant 0,\ y_3\leqslant 0,\ y_4\in\mathbb{R}. \end{array} \tag{2.115}$$

注意，$\boldsymbol{a}_0$ 是不确定集合 $\mathcal{A}$[见式(2.107)] 的内点. 因此，不难构造问题(2.114)和问题(2.115)的严格可行点，它们分别是

$$\lambda\begin{bmatrix} \boldsymbol{a}_0\boldsymbol{a}_0^H & \boldsymbol{a}_0 \\ \boldsymbol{a}_0^H & 1 \end{bmatrix}+(1-\lambda)\begin{bmatrix} \boldsymbol{I} & \boldsymbol{0} \\ \boldsymbol{0} & 1 \end{bmatrix} \tag{2.116}$$

（其中，$\lambda<1$ 充分接近 1）和 $(-1,\ 1,\ -(\gamma+1),\ -\gamma)$（其中，$\gamma>0$ 充分大）. 根据线性锥规划的强对偶定理，半正定松弛问题(2.114)和对偶问题(2.115)均是可解的，且没有对偶间隙，即

$$v^\star((2.114))=v^\star((2.115)). \tag{2.117}$$

由文献 [11] 或 [12] 可知，经过某些特别的降秩处理，得到问题(2.114)的秩一解. 因此

$$v^\star((2.110))=v^\star((2.114)). \tag{2.118}$$

根据式(2.113)、式(2.117)和式(2.118)，得

$$v^\star((2.109))=v^\star((2.115)). \tag{2.119}$$

所以，问题(2.108)等价于关于 $\boldsymbol{w}$ 的二次矩阵不等式问题（非凸）

$$\begin{array}{ll} \min & \boldsymbol{w}^H\hat{\boldsymbol{R}}\boldsymbol{w} \\ \text{s.t.} & (N-\eta_2)y_2+(N+\eta_1)y_3+y_4=1, \\ & \begin{bmatrix} \boldsymbol{w}\boldsymbol{w}^H-(y_1+y_2+y_3)\boldsymbol{I} & y_1\boldsymbol{a}_0 \\ y_1\boldsymbol{a}_0^H & -y_4-y_1(\|\boldsymbol{a}_0\|^2-\epsilon) \end{bmatrix}\succeq\boldsymbol{0} \\ & y_1\leqslant 0,\ y_2\geqslant 0,\ y_3\leqslant 0,\ y_4\in\mathbb{R}. \end{array} \tag{2.120}$$

注意，非零半正定矩阵 $\boldsymbol{W}\succeq\boldsymbol{0}$ 是秩一的，等价于 $\boldsymbol{W}$ 的第二大特征值 $\lambda_2(\boldsymbol{W})\leqslant 0$[假设 $\boldsymbol{W}$ 的特征值按从大到小排列，即 $\lambda_1(\boldsymbol{W})\geqslant\lambda_2(\boldsymbol{W})\geqslant\cdots\geqslant$

$\lambda_N(\boldsymbol{W})]$. 换言之，$\boldsymbol{W}\succeq\boldsymbol{0}$ 是秩一的，等价于

$$\lambda_1(\boldsymbol{W})+\lambda_2(\boldsymbol{W})\leqslant\lambda_1(\boldsymbol{W}). \tag{2.121}$$

因此，问题(2.120)可以转化为

$$\begin{aligned}\min\quad & \operatorname{tr}(\hat{\boldsymbol{R}}\boldsymbol{W})\\ \text{s.t.}\quad & (N-\eta_2)y_2+(N+\eta_1)y_3+y_4=1,\\ & \begin{bmatrix}\boldsymbol{W}-(y_1+y_2+y_3)\boldsymbol{I} & y_1\boldsymbol{a}_0\\ y_1\boldsymbol{a}_0^H & -y_4-y_1(\|\boldsymbol{a}_0\|^2-\epsilon)\end{bmatrix}\succeq\boldsymbol{0}\\ & \lambda_1(\boldsymbol{W})+\lambda_2(\boldsymbol{W})\leqslant\lambda_1(\boldsymbol{W})\\ & \boldsymbol{W}\succeq\boldsymbol{0},\ y_1\leqslant 0,\ y_2\geqslant 0,\ y_3\leqslant 0,\ y_4\in\mathbb{R}.\end{aligned} \tag{2.122}$$

在上述约束中，只有第三个约束是非凸的，其他是凸的，而且目标函数是线性的. 因此，只需处理第三个约束.

根据文献 [9] 第 147 页的例子（18c），可知有以下引理.

**引理 2.6.1**　*假设 $N\times N$ 共轭对称矩阵 $\boldsymbol{W}$ 的特征值满足 $\lambda_1(\boldsymbol{W})\geqslant\lambda_2(\boldsymbol{W})\geqslant\cdots\geqslant\lambda_N(\boldsymbol{W})$. 假设$S_K(\boldsymbol{W})$ 代表前 $K$ 大特征值的和，即 $S_K(\boldsymbol{W})=\sum_{k=1}^{K}\lambda_k(\boldsymbol{W})$（这里 $K\leqslant N$）. 那么函数 $S_K(\boldsymbol{W})$ 的上图 $\{(\boldsymbol{W},\ t)\mid S_K(\boldsymbol{W})\leqslant t\}$ 等价于以下线性矩阵不等式组*

$$t-Ks-\operatorname{tr}(\boldsymbol{Z})\geqslant 0 \tag{2.123}$$

$$\boldsymbol{Z}-\boldsymbol{W}+s\boldsymbol{I}\succeq\boldsymbol{0} \tag{2.124}$$

$$\boldsymbol{Z}\succeq\boldsymbol{0}. \tag{2.125}$$

*其中，辅助变量 $\boldsymbol{Z}$ 是 $N\times N$ 共轭对称矩阵，$s$ 是个实辅助变量.*

尽管文献 [9] 中的例子是针对实对称矩阵 $\boldsymbol{W}$，但是易证它可推广至复共轭对称矩阵 $\boldsymbol{W}$，即引理 2.6.1所述. 因此，问题(2.122)的第三个约束等价于

$$\lambda_1(\boldsymbol{W})-2s-\operatorname{tr}(\boldsymbol{Z})\geqslant 0 \tag{2.126}$$

$$\boldsymbol{Z}-\boldsymbol{W}+s\boldsymbol{I}\succeq\boldsymbol{0} \tag{2.127}$$

$$\boldsymbol{Z} \succeq \boldsymbol{0}. \tag{2.128}$$

又注意到

$$\begin{aligned} \lambda_1(\boldsymbol{W}) = \quad & \max_{\boldsymbol{X}} \quad \operatorname{tr}(\boldsymbol{W}\boldsymbol{X}) \\ & \text{s.t.} \quad \operatorname{tr}\boldsymbol{X} = 1 \\ & \qquad\quad \boldsymbol{X} \succeq \boldsymbol{0}. \end{aligned} \tag{2.129}$$

因此，约束条件 $\lambda_1(\boldsymbol{W}) + \lambda_2(\boldsymbol{W}) \leqslant \lambda_1(\boldsymbol{W})$ 等同于

$$\operatorname{tr}(\boldsymbol{W}\boldsymbol{X}) - 2s - \operatorname{tr}(\boldsymbol{Z}) \geqslant 0 \tag{2.130}$$

$$\boldsymbol{Z} - \boldsymbol{W} + s\boldsymbol{I} \succeq \boldsymbol{0} \tag{2.131}$$

$$\boldsymbol{Z} \succeq \boldsymbol{0} \tag{2.132}$$

$$\operatorname{tr}\boldsymbol{X} = 1 \tag{2.133}$$

$$\boldsymbol{X} \succeq \boldsymbol{0}. \tag{2.134}$$

式中，$\boldsymbol{X}$ 是另一个辅助变量.

于是，二次矩阵不等式问题(2.122)可以重新写成以下问题

$$\begin{aligned} \min \quad & \operatorname{tr}(\hat{\boldsymbol{R}}\boldsymbol{W}) \\ \text{s.t.} \quad & (N-\eta_1)y_2 + (N+\eta_2)y_3 + y_4 = 1, \\ & \begin{bmatrix} \boldsymbol{W} - (y_1+y_2+y_3)\boldsymbol{I} & y_1\boldsymbol{a}_0 \\ y_1\boldsymbol{a}_0^H & -y_4 - y_1(\|\boldsymbol{a}_0\|^2 - \epsilon) \end{bmatrix} \succeq \boldsymbol{0} \\ & \operatorname{tr}(\boldsymbol{W}\boldsymbol{X}) - 2s - \operatorname{tr}(\boldsymbol{Z}) \geqslant 0 \\ & \boldsymbol{Z} - \boldsymbol{W} + s\boldsymbol{I} \succeq \boldsymbol{0} \\ & \operatorname{tr}\boldsymbol{X} = 1 \\ & \boldsymbol{W} \succeq \boldsymbol{0}，\boldsymbol{Z} \succeq \boldsymbol{0}，\boldsymbol{X} \succeq \boldsymbol{0} \\ & y_1 \leqslant 0，y_2 \geqslant 0，y_3 \leqslant 0，y_4 \in \mathbb{R}，s \in \mathbb{R}. \end{aligned} \tag{2.135}$$

在上述问题的第三个约束中，$\operatorname{tr}(\boldsymbol{W}\boldsymbol{X})$ 是双线性项，也是解问题(2.135)的关键. 在文献 [13] 中，讨论了如何设计一种迭代算法求解上述双线性矩阵不等式问题.

# 第 3 章 鲁棒最小二乘问题及其应用

最小二乘问题在工程中具有广泛的应用. 当问题中的参数出现不确定性时，要考虑最小二乘问题的鲁棒对等问题，并探讨如何求解该鲁棒对等问题（即鲁棒最小二乘问题）. 一种常用的方法是计算鲁棒最小二乘问题的等价问题. 如果它的等价问题是凸的且约束是有限个，那么原鲁棒最小二乘问题是容易计算的. 否则，该问题是难解的，需考虑其他方法求解. 本章将介绍几类容易计算的鲁棒最小二乘问题，以及它们在金融工程与信号处理中的应用. 本质上，鲁棒最小二乘问题是残差模极小极大问题. 与它对应，本章还将讨论残差模极大极小问题及其应用.

## 3.1 鲁棒最小二乘问题

### 3.1.1 误差矩阵的 2 范数球与 Frobenius 范数球约束

标准的最小二乘问题可写为

$$\min_{\boldsymbol{x}\in\mathbb{R}^N} \|\boldsymbol{A}\boldsymbol{x}-\boldsymbol{b}\|. \tag{3.1}$$

其中，$\boldsymbol{A}$ 是 $M\times N$ 的实矩阵，$\boldsymbol{b}$ 是 $M$ 维的实向量（若 $\boldsymbol{A}$ 与 $\boldsymbol{b}$ 分别为复矩阵与复向量，则讨论可类似展开）. 假设参数 $\boldsymbol{A}$ 具有不确定性，且在一个球内，即

$$\|\boldsymbol{A}-\bar{\boldsymbol{A}}\|\leqslant\rho, \tag{3.2}$$

这里，$\bar{\boldsymbol{A}}$ 是名义矩阵，$\|\cdot\|$ 是矩阵的 2 范数，即最大奇异值. 令

$$\boldsymbol{A}=\bar{\boldsymbol{A}}+\boldsymbol{\Delta}, \tag{3.3}$$

则有 $\|\boldsymbol{\Delta}\|\leqslant\rho$. 于是，定义最小二乘问题的鲁棒对等问题如下：

$$\min_{\boldsymbol{x}}\max_{\|\boldsymbol{\Delta}\|\leqslant\rho} \|(\bar{\boldsymbol{A}}+\boldsymbol{\Delta})\boldsymbol{x}-\boldsymbol{b}\|. \tag{3.4}$$

由此可见，它是极小化最坏残差模问题.

**定理 3.1.1** 鲁棒最小二乘问题(3.4)可等价地转化为以下二阶锥规划问题

$$\begin{aligned} \min_{\boldsymbol{x},u,v} \quad & u+\rho v \\ \text{s.t.} \quad & u \geqslant \|\bar{\boldsymbol{A}}\boldsymbol{x}-\boldsymbol{b}\| \\ & v \geqslant \|\boldsymbol{x}\|. \end{aligned} \tag{3.5}$$

**证明：** 固定 $\boldsymbol{x} \neq \boldsymbol{0}$，由三角不等式得

$$\|(\bar{\boldsymbol{A}}+\boldsymbol{\Delta})\boldsymbol{x}-\boldsymbol{b}\| \leqslant \|\boldsymbol{A}\boldsymbol{x}-\boldsymbol{b}\|+\|\boldsymbol{\Delta}\boldsymbol{x}\|. \tag{3.6}$$

注意

$$\|\boldsymbol{\Delta}\boldsymbol{x}\| \leqslant \|\boldsymbol{\Delta}\|\|\boldsymbol{x}\| \leqslant \rho\|\boldsymbol{x}\|. \tag{3.7}$$

其中，第一个不等式是显然的. 事实上，令 $\lambda_{\max}(\boldsymbol{\Delta}^T\boldsymbol{\Delta})$ 是 $\boldsymbol{\Delta}^T\boldsymbol{\Delta}$ 的最大特征值，于是

$$\boldsymbol{x}^T\boldsymbol{\Delta}^T\boldsymbol{\Delta}\boldsymbol{x} \leqslant \boldsymbol{x}^T(\lambda_{\max}(\boldsymbol{\Delta}^T\boldsymbol{\Delta})\boldsymbol{I})\boldsymbol{x} \tag{3.8}$$

$$= \lambda_{\max}(\boldsymbol{\Delta}^T\boldsymbol{\Delta})\|\boldsymbol{x}\|^2 \tag{3.9}$$

$$= \|\boldsymbol{\Delta}\|^2\|\boldsymbol{x}\|^2. \tag{3.10}$$

因此，有 $\|\boldsymbol{\Delta}\boldsymbol{x}\| \leqslant \|\boldsymbol{\Delta}\|\|\boldsymbol{x}\|$. 于是，鲁棒最小二乘问题(3.4)的目标函数具有上界

$$\max_{\|\boldsymbol{\Delta}\| \leqslant \rho} \|(\bar{\boldsymbol{A}}+\boldsymbol{\Delta})\boldsymbol{x}-\boldsymbol{b}\| \leqslant \|\bar{\boldsymbol{A}}\boldsymbol{x}-\boldsymbol{b}\|+\rho\|\boldsymbol{x}\|. \tag{3.11}$$

而当

$$\boldsymbol{\Delta} = \begin{cases} \dfrac{\rho}{\|\bar{\boldsymbol{A}}\boldsymbol{x}-\boldsymbol{b}\|\|\boldsymbol{x}\|}(\bar{\boldsymbol{A}}\boldsymbol{x}-\boldsymbol{b})\boldsymbol{x}^T, & \text{若}\|\bar{\boldsymbol{A}}\boldsymbol{x}-\boldsymbol{b}\| \neq 0, \\ \dfrac{\rho}{\|\boldsymbol{x}\|}\boldsymbol{v}\boldsymbol{x}^T, & \text{否则，}\boldsymbol{v}\text{是任意单位模向量} \end{cases} \tag{3.12}$$

时，则有 $\|\boldsymbol{\Delta}\| = \rho$，且

$$\|(\bar{\boldsymbol{A}}+\boldsymbol{\Delta})\boldsymbol{x}-\boldsymbol{b}\| = \|\bar{\boldsymbol{A}}\boldsymbol{x}-\boldsymbol{b}\|+\rho\|\boldsymbol{x}\|, \tag{3.13}$$

即目标函数上界(3.11)可达. 因此，鲁棒最小二乘问题(3.4)等价于

$$\min_{\boldsymbol{x}} \ \|\bar{\boldsymbol{A}}\boldsymbol{x}-\boldsymbol{b}\|+\rho\|\boldsymbol{x}\|. \tag{3.14}$$

上述问题显然等同于二阶锥规划问题(3.5).

另外，当 $\boldsymbol{x}=\boldsymbol{0}$ 时，它属于退化情况，结论仍旧成立. □

当问题(3.4)中的 $\|\boldsymbol{\Delta}\|$ 改为 Frobenius 范数 $\|\boldsymbol{\Delta}\|_F$，即问题变为

$$\min_{\boldsymbol{x}} \max_{\|\boldsymbol{\Delta}\|_F\leqslant\rho} \ \|(\bar{\boldsymbol{A}}+\boldsymbol{\Delta})\boldsymbol{x}-\boldsymbol{b}\|, \tag{3.15}$$

则上述问题也等价于二阶锥规划问题(3.14). 实际上，我们只需注意式(3.7)对于 Frobenius 范数也成立，以及式(3.12)中的 $\boldsymbol{\Delta}$ 也满足 $\|\boldsymbol{\Delta}\|_F=\rho$.

当参数 $\boldsymbol{b}$ 也具有不确定性时，即

$$\boldsymbol{b}=\bar{\boldsymbol{b}}+\boldsymbol{\delta}, \tag{3.16}$$

则鲁棒最小二乘问题 (3.4) 可写成

$$\min_{\boldsymbol{x}} \max_{\|[\boldsymbol{\Delta},\ \boldsymbol{\delta}]\|\leqslant\rho} \ \|(\bar{\boldsymbol{A}}+\boldsymbol{\Delta})\boldsymbol{x}-(\bar{\boldsymbol{b}}+\boldsymbol{\delta})\|. \tag{3.17}$$

它的等价问题也是一个二阶锥规划问题.

**定理 3.1.2**　鲁棒最小二乘问题(3.17)等价于以下凸问题

$$\begin{aligned} \min_{\boldsymbol{x},\ u,\ v} \quad & u \\ \text{s.t.} \quad & u-\rho v \geqslant \|\bar{\boldsymbol{A}}\boldsymbol{x}-\bar{\boldsymbol{b}}\| \\ & v \geqslant \sqrt{\|\boldsymbol{x}\|^2+1}. \end{aligned} \tag{3.18}$$

**证明**：由不等式

$$\begin{aligned} \|(\bar{\boldsymbol{A}}+\boldsymbol{\Delta})\boldsymbol{x}-(\bar{\boldsymbol{b}}+\boldsymbol{\delta})\| &= \|\bar{\boldsymbol{A}}\boldsymbol{x}-\bar{\boldsymbol{b}}+\boldsymbol{\Delta}\boldsymbol{x}-\boldsymbol{\delta}\| && (3.19)\\ &\leqslant \|\bar{\boldsymbol{A}}\boldsymbol{x}-\bar{\boldsymbol{b}}\|+\|\boldsymbol{\Delta}\boldsymbol{x}-\boldsymbol{\delta}\| && (3.20)\\ &\leqslant \|\bar{\boldsymbol{A}}\boldsymbol{x}-\bar{\boldsymbol{b}}\|+\|[\boldsymbol{\Delta},\ \boldsymbol{\delta}]\|\sqrt{\|\boldsymbol{x}\|^2+1} && (3.21)\\ &\leqslant \|\bar{\boldsymbol{A}}\boldsymbol{x}-\bar{\boldsymbol{b}}\|+\rho\sqrt{\|\boldsymbol{x}\|^2+1}, && (3.22) \end{aligned}$$

得到 $\|(\bar{\boldsymbol{A}}+\boldsymbol{\Delta})\boldsymbol{x}-(\bar{\boldsymbol{b}}+\boldsymbol{\delta})\|$ 的上界. 该上界是可达的. 事实上，只需令

$$[\boldsymbol{\Delta},\ \boldsymbol{\delta}]=\frac{\rho}{\sqrt{\|\boldsymbol{x}\|^2+1}}[\boldsymbol{u}\boldsymbol{x}^T,\ \ -\boldsymbol{u}]. \tag{3.23}$$

其中，

$$\boldsymbol{u}=\begin{cases}\dfrac{\bar{\boldsymbol{A}}\boldsymbol{x}-\bar{\boldsymbol{b}}}{\|\bar{\boldsymbol{A}}\boldsymbol{x}-\bar{\boldsymbol{b}}\|}, & \text{如果}\bar{\boldsymbol{A}}\boldsymbol{x}-\bar{\boldsymbol{b}}\neq\boldsymbol{0}, \\ \text{任意单位模向量}, & \text{其他}.\end{cases} \tag{3.24}$$

易验证式(3.23)中所定义的 $[\boldsymbol{\Delta},\ \boldsymbol{\delta}]$ 满足 $\|[\boldsymbol{\Delta},\ \boldsymbol{\delta}]\|=\rho$，以及

$$\|\bar{\boldsymbol{A}}\boldsymbol{x}-\bar{\boldsymbol{b}}\|+\rho\sqrt{\|\boldsymbol{x}\|^2+1}=\max_{\|[\boldsymbol{\Delta},\ \boldsymbol{\delta}]\|\leqslant\rho}\|(\bar{\boldsymbol{A}}+\boldsymbol{\Delta})\boldsymbol{x}-(\bar{\boldsymbol{b}}+\boldsymbol{\delta})\|. \tag{3.25}$$

所以，问题(3.17)等价于问题(3.18). □

同样地，当问题(3.17)中的 2 范数球 $\|[\boldsymbol{\Delta},\ \boldsymbol{\delta}]\|\leqslant\rho$ 改为 Frobenius 范数球 $\|[\boldsymbol{\Delta},\ \boldsymbol{\delta}]\|_F\leqslant\rho$，问题(3.17)仍然等价于问题(3.18).

### 3.1.2 其他不确定集合的鲁棒最小二乘问题

易验证，

$$\|\boldsymbol{\Delta}\|\leqslant\rho\Longleftrightarrow\|\boldsymbol{\Delta}\boldsymbol{x}\|\leqslant\rho\|\boldsymbol{x}\|,\ \forall\boldsymbol{x}\in\mathbb{R}^N. \tag{3.26}$$

亦即，不确定集合

$$\mathcal{U}=\{\boldsymbol{\Delta}\mid\|\boldsymbol{\Delta}\|\leqslant\rho\}=\{\boldsymbol{\Delta}\mid\|\boldsymbol{\Delta}\boldsymbol{x}\|\leqslant\rho\|\boldsymbol{x}\|,\ \forall\boldsymbol{x}\in\mathbb{R}^N\}. \tag{3.27}$$

由此，考虑如下更一般的集合

$$\mathcal{U}_{p,q}=\{\boldsymbol{\Delta}\mid\|\boldsymbol{\Delta}\boldsymbol{x}\|_p\leqslant\rho\|\boldsymbol{x}\|_q,\ \forall\boldsymbol{x}\in\mathbb{R}^N\}, \tag{3.28}$$

这里 $p$，$q\geqslant 1$. 显然，式(3.28)也等同于

$$\mathcal{U}_{p,q}=\{\boldsymbol{\Delta}\mid\|\boldsymbol{\Delta}\boldsymbol{x}\|_p\leqslant\rho,\ \forall\boldsymbol{x}:\|\boldsymbol{x}\|_q=1\}. \tag{3.29}$$

如果矩阵的诱导范数为

$$\|\boldsymbol{\Delta}\|_{p,q}=\sup_{\|\boldsymbol{x}\|_q=1}\|\boldsymbol{\Delta}\boldsymbol{x}\|_p, \tag{3.30}$$

则

$$\mathcal{U}_{p,q} = \{\boldsymbol{\Delta} \mid \|\boldsymbol{\Delta}\|_{p,q} \leqslant \rho\}. \tag{3.31}$$

于是，相对应的鲁棒最小二乘问题可写成

$$\min_{\boldsymbol{x}} \max_{\boldsymbol{\Delta}\in\mathcal{U}_{p,q}} \|(\bar{\boldsymbol{A}} + \boldsymbol{\Delta})\boldsymbol{x} - \boldsymbol{b}\|_p. \tag{3.32}$$

它的等价形式总结如下.

**定理 3.1.3**　鲁棒最小二乘问题(3.32)等价于以下凸问题

$$\min_{\boldsymbol{x}} \|\bar{\boldsymbol{A}}\boldsymbol{x} - \boldsymbol{b}\|_p + \rho\|\boldsymbol{x}\|_q. \tag{3.33}$$

**证明**：注意不等式

$$\begin{aligned} \|(\bar{\boldsymbol{A}} + \boldsymbol{\Delta})\boldsymbol{x} - \boldsymbol{b}\|_p &\leqslant \|\bar{\boldsymbol{A}}\boldsymbol{x} - \boldsymbol{b}\|_p + \|\boldsymbol{\Delta}\boldsymbol{x}\|_p & (3.34)\\ &\leqslant \|\bar{\boldsymbol{A}}\boldsymbol{x} - \boldsymbol{b}\|_p + \rho\|\boldsymbol{x}\|_q. & (3.35)\end{aligned}$$

下面证明存在 $\boldsymbol{\Delta} \in \mathcal{U}_{p,q}$ 使得以上不等式链全部变为等式.

令 $\boldsymbol{v}$ 满足

$$\boldsymbol{v} \in \arg\max_{\|\boldsymbol{v}\|_{p'}=1} \boldsymbol{v}^T\boldsymbol{x}. \tag{3.36}$$

其中，$p'$ 满足 $1/p' + 1/q = 1$. 因此，$\boldsymbol{v}^T\boldsymbol{x} = \|\boldsymbol{x}\|_q$. 定义秩一矩阵

$$\hat{\boldsymbol{\Delta}} = \rho\boldsymbol{u}\boldsymbol{v}^T. \tag{3.37}$$

其中，

$$\boldsymbol{u} = \begin{cases} \dfrac{\bar{\boldsymbol{A}}\boldsymbol{x} - \boldsymbol{b}}{\|\bar{\boldsymbol{A}}\boldsymbol{x} - \boldsymbol{b}\|_p}, & 如果\bar{\boldsymbol{A}}\boldsymbol{x} - \boldsymbol{b} \neq \boldsymbol{0}, \\ 任意p模单位向量, & 其他. \end{cases} \tag{3.38}$$

那么，易验证 $\|(\bar{\boldsymbol{A}} + \hat{\boldsymbol{\Delta}})\boldsymbol{x} - \boldsymbol{b}\|_p = \|\bar{\boldsymbol{A}}\boldsymbol{x} - \boldsymbol{b}\|_p + \rho\|\boldsymbol{x}\|_q$.

下面验证 $\|\hat{\boldsymbol{\Delta}}\|_{p,q} \leqslant \rho$，对任意向量 $\boldsymbol{y}$，有

$$\|\hat{\boldsymbol{\Delta}}\boldsymbol{y}\|_p = |\rho\boldsymbol{v}^T\boldsymbol{y}| \leqslant \rho\|\boldsymbol{v}\|_{p'}\|\boldsymbol{y}\|_q = \rho\|\boldsymbol{y}\|_q. \tag{3.39}$$

这表明 $\hat{\boldsymbol{\Delta}} \in \mathcal{U}_{p,q}$.　□

特别地，当式(3.32)中 $p=q=1$ 时，则有

$$\min_{\boldsymbol{x}} \max_{\boldsymbol{\Delta}\in\mathcal{U}_{1,1}} \|(\bar{\boldsymbol{A}}+\boldsymbol{\Delta})\boldsymbol{x}-\boldsymbol{b}\|_1 = \min_{\boldsymbol{x}} \|\bar{\boldsymbol{A}}\boldsymbol{x}-\boldsymbol{b}\|_1+\rho\|\boldsymbol{x}\|_1. \tag{3.40}$$

其中，$\boldsymbol{\Delta}\in\mathcal{U}_{1,1}$ 意味着 $\|\boldsymbol{\Delta}\|_{1,1}\leqslant\rho$. 易证，

$$\|\boldsymbol{\Delta}\|_{1,1}=\max_{1\leqslant n\leqslant N}\|\boldsymbol{\delta}_n\|_1, \tag{3.41}$$

这里 $\boldsymbol{\delta}_n$ 是 $\boldsymbol{\Delta}$ 的列向量. 实际上

$$\begin{aligned}
\|\boldsymbol{\Delta x}\|_1 &= \left\|\sum_{n=1}^{N}\boldsymbol{\delta}_n x_n\right\|_1 &(3.42)\\
&\leqslant \sum_{n=1}^{N}\|\boldsymbol{\delta}_n\|_1|x_n| &(3.43)\\
&\leqslant \left(\max_{1\leqslant n\leqslant N}\|\boldsymbol{\delta}_n\|_1\right)\sum_{n=1}^{N}|x_n| &(3.44)\\
&= \left(\max_{1\leqslant n\leqslant N}\|\boldsymbol{\delta}_n\|_1\right)\|\boldsymbol{x}\|_1. &(3.45)
\end{aligned}$$

以上第一个不等式是三角不等式. 由式(3.45)可知，对任意 $\|\boldsymbol{x}\|_1=1$，均有

$$\|\boldsymbol{\Delta x}\|_1\leqslant\max_{1\leqslant n\leqslant N}\|\boldsymbol{\delta}_n\|_1. \tag{3.46}$$

当取 $x_{n_0}=1$，其他 $x_n=0$ 时，这里 $n_0=\arg\max\{\|\boldsymbol{\delta}_n\|_1\mid 1\leqslant n\leqslant N\}$，上述上界可达. 于是，由诱导范数定义(3.30)可知，$\|\boldsymbol{\Delta}\|_{1,1}=\|\boldsymbol{\Delta}\|_1=\max\limits_{1\leqslant n\leqslant N}\|\boldsymbol{\delta}_n\|_1$.

因此，式(3.40)又可以化为

$$\min_{\boldsymbol{x}} \max_{\|\boldsymbol{\delta}_n\|_1\leqslant\rho,\ \forall n} \|(\bar{\boldsymbol{A}}+\boldsymbol{\Delta})\boldsymbol{x}-\boldsymbol{b}\|_1 = \min_{\boldsymbol{x}} \|\bar{\boldsymbol{A}}\boldsymbol{x}-\boldsymbol{b}\|_1+\rho\|\boldsymbol{x}\|_1. \tag{3.47}$$

下面介绍另一不确定集合，假设

$$\mathcal{U}=\{\boldsymbol{\Delta}\mid |\Delta_{mn}|\leqslant\rho,\ \forall m,\ n\}. \tag{3.48}$$

于是，鲁棒最小二乘问题可描述成

$$\min_{\boldsymbol{x}} \max_{|\Delta_{mn}|\leqslant\rho,\ \forall m,\ n} \|(\bar{\boldsymbol{A}}+\boldsymbol{\Delta})\boldsymbol{x}-\boldsymbol{b}\|. \tag{3.49}$$

为了给出式(3.49)的等价凸问题，令 $\bar{\boldsymbol{A}}^T=[\bar{\boldsymbol{a}}_1,\ \cdots,\ \bar{\boldsymbol{a}}_M]$ 和 $\boldsymbol{\Delta}^T=[\boldsymbol{\delta}_1,\ \cdots,\ \boldsymbol{\delta}_M]$，即 $\bar{\boldsymbol{a}}_m^T$ 和 $\boldsymbol{\delta}_m^T$ 分别是 $\bar{\boldsymbol{A}}$ 与 $\boldsymbol{\Delta}$ 的行向量. 因此，由式(3.48)可知，

$$\mathcal{U}=\{\boldsymbol{\Delta}\mid\|\boldsymbol{\delta}_m\|_\infty\leqslant\rho,\ \forall m\}. \tag{3.50}$$

注意以下不等式

$$\|(\bar{\boldsymbol{A}}+\boldsymbol{\Delta})\boldsymbol{x}-\boldsymbol{b}\|=\sqrt{\sum_{m=1}^{M}|(\bar{\boldsymbol{a}}_m+\boldsymbol{\delta}_m)^T\boldsymbol{x}-b_m|^2} \tag{3.51}$$

$$\leqslant\sqrt{\sum_{m=1}^{M}\left(|\bar{\boldsymbol{a}}_m^T\boldsymbol{x}-b_m|+|\boldsymbol{\delta}_m^T\boldsymbol{x}|\right)^2} \tag{3.52}$$

$$\leqslant\sqrt{\sum_{m=1}^{M}\left(|\bar{\boldsymbol{a}}_m^T\boldsymbol{x}-b_m|+\rho\|\boldsymbol{x}\|_1\right)^2}, \tag{3.53}$$

对 $\|\boldsymbol{\delta}_m\|_\infty\leqslant\rho,\ \forall m$，成立，且式(3.53)中的上界可达，即在

$$\boldsymbol{\delta}_m=\begin{cases}\rho\cdot\operatorname{sgn}(\boldsymbol{x})\dfrac{\bar{\boldsymbol{a}}_m^T\boldsymbol{x}-b_m}{|\bar{\boldsymbol{a}}_m^T\boldsymbol{x}-b_m|}, & \text{如果}\bar{\boldsymbol{a}}_m^T\boldsymbol{x}-b_m\neq 0,\\ \rho\cdot\operatorname{sgn}(\boldsymbol{x}), & \text{其他},\end{cases} \tag{3.54}$$

$m=1,\ \cdots,\ M$，可达. 这里 sgn 代表符号函数. 所以

$$\begin{aligned}&\max_{|\Delta_{mn}|\leqslant\rho,\ \forall m,\ n}\|(\bar{\boldsymbol{A}}+\boldsymbol{\Delta})\boldsymbol{x}-\boldsymbol{b}\|\\ &=\max_{\|\boldsymbol{\delta}_m\|_\infty\leqslant\rho,\ \forall m}\|(\bar{\boldsymbol{A}}+\boldsymbol{\Delta})\boldsymbol{x}-\boldsymbol{b}\| \qquad (3.55)\\ &=\sqrt{\sum_{m=1}^{M}\left(|\bar{\boldsymbol{a}}_m^T\boldsymbol{x}-b_m|+\rho\|\boldsymbol{x}\|_1\right)^2}, \qquad (3.56)\end{aligned}$$

并且式(3.49)等价于以下二阶锥规划问题

$$\begin{aligned}\min_{\boldsymbol{x},\ \boldsymbol{z}}\quad & \|\boldsymbol{z}\|\\ \text{s.t.}\quad & z_m\geqslant|\bar{\boldsymbol{a}}_m^T\boldsymbol{x}-b_m|+\rho\|\boldsymbol{x}\|_1,\ m=1,\ 2,\ \cdots,\ M.\end{aligned} \tag{3.57}$$

亦即

$$\begin{aligned}\min_{\boldsymbol{x}, \boldsymbol{z}, \boldsymbol{t}} \quad & \|\boldsymbol{z}\| \\ \text{s.t.} \quad & z_m - t_m \geqslant \rho\|\boldsymbol{x}\|_1, \ m=1, 2, \cdots, M \\ & t_m \geqslant \bar{\boldsymbol{a}}_m^T\boldsymbol{x} - b_m \geqslant -t_m, \ m=1, 2, \cdots, M.\end{aligned} \tag{3.58}$$

再者，考虑以下不确定集合

$$\mathcal{U} = \{\boldsymbol{\Delta} = [\boldsymbol{\delta}_1, \cdots, \boldsymbol{\delta}_N] \mid \|\boldsymbol{\delta}_n\|_p \leqslant \rho_n, \ n=1, 2, \cdots, N\}. \tag{3.59}$$

其中，$p \geqslant 1$，且 $\boldsymbol{\delta}_n$ 是 $\boldsymbol{\Delta}$ 的列向量，那么

$$\min_{\boldsymbol{x}} \max_{\boldsymbol{\Delta}\in\mathcal{U}} \|(\bar{\boldsymbol{A}} + \boldsymbol{\Delta})\boldsymbol{x} - \boldsymbol{b}\|_p = \min_{\boldsymbol{x}} \|\bar{\boldsymbol{A}}\boldsymbol{x} - \boldsymbol{b}\|_p + \sum_{n=1}^N \rho_n|x_n|. \tag{3.60}$$

事实上，对于 $\|\boldsymbol{\delta}_n\|_p \leqslant \rho_n$，有不等式

$$\begin{aligned}\|(\bar{\boldsymbol{A}} + \boldsymbol{\Delta})\boldsymbol{x} - \boldsymbol{b}\|_p &\leqslant \|\bar{\boldsymbol{A}}\boldsymbol{x} - \boldsymbol{b}\|_p + \|\boldsymbol{\Delta}\boldsymbol{x}\|_p & (3.61)\\ &= \|\bar{\boldsymbol{A}}\boldsymbol{x} - \boldsymbol{b}\|_p + \left\|\sum_{n=1}^N \boldsymbol{\delta}_n x_n\right\|_p & (3.62)\\ &\leqslant \|\bar{\boldsymbol{A}}\boldsymbol{x} - \boldsymbol{b}\|_p + \sum_{n=1}^N |x_n|\|\boldsymbol{\delta}_n\|_p & (3.63)\\ &\leqslant \|\bar{\boldsymbol{A}}\boldsymbol{x} - \boldsymbol{b}\|_p + \sum_{n=1}^N \rho_n|x_n|. & (3.64)\end{aligned}$$

当

$$\boldsymbol{\delta}_n = \begin{cases} \rho_n \cdot \operatorname{sgn}(x_n)\dfrac{\bar{\boldsymbol{A}}\boldsymbol{x} - \boldsymbol{b}}{\|\bar{\boldsymbol{A}}\boldsymbol{x} - \boldsymbol{b}\|_p}, & \text{如果}\bar{\boldsymbol{A}}\boldsymbol{x} - \boldsymbol{b} \neq \boldsymbol{0}, \\ \rho_n \cdot \operatorname{sgn}(x_n)\dfrac{\boldsymbol{v}}{\|\boldsymbol{v}\|_p}, & \text{其他}. \end{cases} \tag{3.65}$$

其中，$n = 1, 2, \cdots, N$，$\boldsymbol{v}$ 是任意一非零向量，式(3.64)中的上界可达到. 因此式(3.60)成立.

## 3.2 基于有限因子驱动的金融市场模型与鲁棒投资优化

假设金融市场中有 $N$ 个可交易资产，且它们的回报向量 $\boldsymbol{r} \in \mathbb{R}^N$ 满足

$$\boldsymbol{r} = \boldsymbol{\mu} + \boldsymbol{V}^T \boldsymbol{f} + \boldsymbol{u}. \tag{3.66}$$

其中，$\boldsymbol{\mu} \in \mathbb{R}^N$ 是资产回报的均值向量，$\boldsymbol{f} \sim \mathcal{N}(\boldsymbol{0},\ \boldsymbol{F})$ 是驱动市场的有限个资产因子的回报向量，$\boldsymbol{V} \in \mathbb{R}^{K\times N}$ 是加载矩阵，$\boldsymbol{u} \sim \mathcal{N}(\boldsymbol{0},\ \boldsymbol{D})$ 是残余噪声（见文献 [14]）. 这里 $\boldsymbol{x} \sim \mathcal{N}(\boldsymbol{\mu},\ \boldsymbol{\Sigma})$ 代表 $\boldsymbol{x}$ 是多维高斯随机向量，且它的期望与协方差矩阵分别是 $\boldsymbol{\mu}$ 和 $\boldsymbol{\Sigma}$.

此外，假设残余项 $\boldsymbol{u}$ 与回报向量 $\boldsymbol{f}$ 互相独立，协方差矩阵 $\boldsymbol{F} \succ \boldsymbol{0}$，且 $\boldsymbol{D}$ 是对角矩阵，即 $\boldsymbol{D} = \mathrm{Diag}\,(\boldsymbol{d})$. 则由式(3.66)可知，回报向量 $\boldsymbol{r} \sim \mathcal{N}(\boldsymbol{\mu},\ \boldsymbol{V}^T\boldsymbol{F}\boldsymbol{V} + \boldsymbol{D})$. 这里，假设 $\boldsymbol{F}$ 是准确知道的矩阵，而加载矩阵 $\boldsymbol{V}$ 与对角矩阵 $\boldsymbol{D}$ 带有估计的误差，且均值向量 $\boldsymbol{\mu}$ 在一个方盒里，即

$$\boldsymbol{\mu} \in \mathcal{U}_1 = \{\boldsymbol{\mu} \mid -\boldsymbol{\delta} \leqslant \boldsymbol{\mu} - \boldsymbol{\mu}_0 \leqslant \boldsymbol{\delta}\}. \tag{3.67}$$

假设对角矩阵 $\boldsymbol{D}$ 也在一个方盒里，即

$$\boldsymbol{D} \in \mathcal{U}_2 = \{\boldsymbol{D} \mid \boldsymbol{D} = \mathrm{Diag}\,(\boldsymbol{d}),\ \underline{\boldsymbol{d}} \leqslant \boldsymbol{d} \leqslant \overline{\boldsymbol{d}}\}. \tag{3.68}$$

注意两个方盒［式(3.67)和式(3.68)］互相等价，即式(3.67)可以写成式(3.68)的形式（这是显然的），同时式(3.68)也可以化为式(3.67)的形式. 实际上，式(3.68)等价于

$$\boldsymbol{D} \in \mathcal{U}_2 = \left\{\boldsymbol{D} \mid \boldsymbol{D} = \mathrm{Diag}\,(\boldsymbol{d}),\ -\frac{\overline{\boldsymbol{d}} - \underline{\boldsymbol{d}}}{2} \leqslant \boldsymbol{d} - \frac{\overline{\boldsymbol{d}} + \underline{\boldsymbol{d}}}{2} \leqslant \frac{\overline{\boldsymbol{d}} - \underline{\boldsymbol{d}}}{2}\right\}. \tag{3.69}$$

为简单起见，式(3.67)和式(3.68)仍保留原来形式.

从 2.2节可知，调整风险后的回报极大化问题的鲁棒对等问题描述为

$$\begin{aligned} \max_{\boldsymbol{w}} \quad & \min_{\boldsymbol{\mu}\in\mathcal{U}_1} \boldsymbol{\mu}^T\boldsymbol{w} - \lambda\left(\max_{\boldsymbol{D}\in\mathcal{U}_2} \boldsymbol{w}^T\boldsymbol{D}\boldsymbol{w} + \max_{\boldsymbol{V}\in\mathcal{U}_3} \boldsymbol{w}^T\boldsymbol{V}^T\boldsymbol{F}\boldsymbol{V}\boldsymbol{w}\right) \\ \text{s.t.} \quad & \boldsymbol{1}^T\boldsymbol{w} = 1,\ \boldsymbol{w} \in \mathcal{W}. \end{aligned} \tag{3.70}$$

其中，已知

$$\min_{\boldsymbol{\mu}\in\mathcal{U}_1}\boldsymbol{\mu}^T\boldsymbol{w}=\boldsymbol{\mu}_0^T\boldsymbol{w}-\sum_{n=1}^{N}|w_n|\delta_n. \tag{3.71}$$

对于问题(3.70)目标函数中的第一个极大化问题，不难知道

$$\max_{\boldsymbol{D}\in\mathcal{U}_2}\boldsymbol{w}^T\boldsymbol{D}\boldsymbol{w}=\boldsymbol{w}^T\overline{\boldsymbol{D}}\boldsymbol{w}, \tag{3.72}$$

这里，$\overline{\boldsymbol{D}}=\mathrm{Diag}\,(\overline{\boldsymbol{d}})$. 下面处理问题(3.70)目标函数中的第二个极大化问题.

### 3.2.1 球约束不确定集合

假设加载矩阵 $\boldsymbol{V}$ 的不确定集合含有一个球约束

$$\mathcal{U}_3=\{\boldsymbol{V}\mid\boldsymbol{V}=\bar{\boldsymbol{V}}+\boldsymbol{\Delta},\ \|\boldsymbol{\Delta}\|\leqslant\rho\}. \tag{3.73}$$

为简单起见，令 $\boldsymbol{F}=\boldsymbol{I}$. 则问题(3.70)目标函数中的第二个极大化问题化为

$$\max_{\|\boldsymbol{\Delta}\|\leqslant\rho}\|(\bar{\boldsymbol{V}}+\boldsymbol{\Delta})\boldsymbol{w}\|^2. \tag{3.74}$$

由定理 3.1.1及其证明，可知上述极大化问题的最优值等于

$$(\|\bar{\boldsymbol{V}}\boldsymbol{w}\|+\rho\|\boldsymbol{w}\|)^2. \tag{3.75}$$

根据式(3.71)、式(3.72)、式(3.75)，即得到问题(3.70)等价于容易计算的凸问题

$$\begin{aligned}\max_{\boldsymbol{w},\ s,\ t}\quad & \boldsymbol{\mu}_0^T\boldsymbol{w}-s-\lambda\left(\boldsymbol{w}^T\overline{\boldsymbol{D}}\boldsymbol{w}+t^2\right)\\ \text{s.t.}\quad & s\geqslant\sum_{n=1}^{N}\delta_n|w_n|\\ & t\geqslant\|\bar{\boldsymbol{V}}\boldsymbol{w}\|+\rho\|\boldsymbol{w}\|\\ & \boldsymbol{1}^T\boldsymbol{w}=1,\ \boldsymbol{w}\in\mathcal{W}.\end{aligned} \tag{3.76}$$

### 3.2.2 列向量球约束的不确定集合

考虑不确定集合

$$\mathcal{U}_3=\{\bar{\boldsymbol{V}}+\boldsymbol{\Delta}\mid\boldsymbol{\Delta}=[\boldsymbol{\delta}_1,\ \cdots,\ \boldsymbol{\delta}_N],\ \|\boldsymbol{\delta}_n\|\leqslant\rho_n,\ n=1,\ 2,\ \cdots,\ N\}. \tag{3.77}$$

由式(3.60)可知，

$$\max_{\boldsymbol{V}\in\mathcal{U}_3}\|\boldsymbol{V}\boldsymbol{w}\|^2=\left(\|\bar{\boldsymbol{V}}\boldsymbol{w}\|+\sum_{n=1}^{N}\rho_n|w_n|\right)^2. \tag{3.78}$$

因此，问题(3.70)可以转化成以下凸问题

$$\begin{aligned}\max_{\boldsymbol{w},\ s,\ t}\quad & \boldsymbol{\mu}_0^T\boldsymbol{w}-s-\lambda\left(\boldsymbol{w}^T\overline{\boldsymbol{D}}\boldsymbol{w}+t^2\right)\\ \text{s.t.}\quad & s\geqslant\sum_{n=1}^{N}\delta_n|w_n|\\ & t\geqslant\|\bar{\boldsymbol{V}}\boldsymbol{w}\|+\sum_{n=1}^{N}\rho_n|w_n|\\ & \boldsymbol{1}^T\boldsymbol{w}=1,\ \boldsymbol{w}\in\mathcal{W}.\end{aligned} \tag{3.79}$$

因此，问题(3.70)是容易计算的.

## 3.3 观察矩阵与方向向量不确定性的鲁棒自适应波束形成问题

假设阵列信号模型与 2.3节一样，阵列的输出信干噪比为

$$\frac{\boldsymbol{w}^H\boldsymbol{a}\boldsymbol{a}^H\boldsymbol{w}}{\boldsymbol{w}^H\boldsymbol{R}_{i+n}\boldsymbol{w}}. \tag{3.80}$$

其中，$\boldsymbol{w}\in\mathbb{C}^N$ 是波束形成向量，$\boldsymbol{a}$ 是目标信号的方向向量，$\boldsymbol{R}_{i+n}$ 为干扰加噪声的协方差矩阵. 在实际应用中，$\boldsymbol{a}$ 和 $\boldsymbol{R}_{i+n}$ 的估计均存在误差. 假设 $\boldsymbol{a}_0$ 是预估的信号方向向量，$\hat{\boldsymbol{R}}$ 是采样矩阵

$$\hat{\boldsymbol{R}}=\frac{1}{T}\sum_{t=1}^{T}\boldsymbol{x}(t)\boldsymbol{x}(t)^H=\frac{1}{T}\hat{\boldsymbol{X}}^H\hat{\boldsymbol{X}}. \tag{3.81}$$

其中，观察矩阵$\hat{\boldsymbol{X}}\in\mathbb{C}^{T\times N}$ 满足 $\hat{\boldsymbol{X}}^H=[\boldsymbol{x}(1),\ \cdots,\ \boldsymbol{x}(T)]$，$T$ 是快拍数. $\hat{\boldsymbol{R}}$ 当作 $\boldsymbol{R}_{i+n}$ 的估计值. 方向向量的不确定集合为

$$\mathcal{U}_1=\{\boldsymbol{a}\mid\|\boldsymbol{a}-\boldsymbol{a}_0\|^2\leqslant\epsilon\}. \tag{3.82}$$

观察矩阵的不确定集合为

$$\mathcal{U}_2=\{\boldsymbol{X}\mid\boldsymbol{X}=\hat{\boldsymbol{X}}+\boldsymbol{\Delta},\ \|\boldsymbol{\Delta}\|\leqslant\rho\}. \tag{3.83}$$

极大化输出信干噪比的鲁棒对等问题则为

$$\max_{\boldsymbol{w}}\ \min_{\boldsymbol{a}\in\mathcal{U}_1,\ \boldsymbol{X}\in\mathcal{U}_2}\frac{\boldsymbol{w}^H\boldsymbol{a}\boldsymbol{a}^H\boldsymbol{w}}{\boldsymbol{w}^H\left(\dfrac{1}{T}\boldsymbol{X}^H\boldsymbol{X}\right)\boldsymbol{w}}. \tag{3.84}$$

显然，它等价于

$$\begin{aligned}\min_{\boldsymbol{w}}\quad&\max_{\boldsymbol{X}\in\mathcal{U}_2}\|\boldsymbol{X}\boldsymbol{w}\|\\ \text{s.t.}\quad&\min_{\boldsymbol{a}\in\mathcal{U}_1}|\boldsymbol{w}^H\boldsymbol{a}|\geqslant 1.\end{aligned} \tag{3.85}$$

由 2.3节可知，上述问题的约束集合等同于

$$|\boldsymbol{w}^H\boldsymbol{a}_0|-\sqrt{\epsilon}\|\boldsymbol{w}\|\geqslant 1. \tag{3.86}$$

而目标函数是

$$\max_{\|\boldsymbol{\Delta}\|\leqslant\rho}\|(\hat{\boldsymbol{X}}+\boldsymbol{\Delta})\boldsymbol{w}\|. \tag{3.87}$$

根据定理 3.1.1，则有

$$\|\hat{\boldsymbol{X}}\boldsymbol{w}\|+\rho\|\boldsymbol{w}\|=\max_{\|\boldsymbol{\Delta}\|\leqslant\rho}\|(\hat{\boldsymbol{X}}+\boldsymbol{\Delta})\boldsymbol{w}\|. \tag{3.88}$$

因此，鲁棒问题(3.85)等同于

$$\begin{aligned}\min_{\boldsymbol{w}}\quad&\|\hat{\boldsymbol{X}}\boldsymbol{w}\|+\rho\|\boldsymbol{w}\|\\ \text{s.t.}\quad&\Re(\boldsymbol{w}^H\boldsymbol{a}_0)-\sqrt{\epsilon}\|\boldsymbol{w}\|\geqslant 1.\end{aligned} \tag{3.89}$$

显然，这是一个二阶锥规划问题.

当式(3.83)中的 2 范数改为 Frobenius 范数时，则问题(3.85)仍然等价于问题(3.89). 此外，式(3.83)中的范数变为诱导范数$\|\boldsymbol{\Delta}\|_{2,p}$[见式(3.30)]，$p\geqslant 1$. 则问题(3.85)的目标函数变为

$$\max_{\|\boldsymbol{\Delta}\|_{2,p}\leqslant\rho}\|(\hat{\boldsymbol{X}}+\boldsymbol{\Delta})\boldsymbol{w}\|. \tag{3.90}$$

根据定理 3.1.3，得知上述极大化问题的最优值是 $\|\hat{\boldsymbol{X}}\boldsymbol{w}\|_2 + \rho\|\boldsymbol{w}\|_p$. 所以，问题(3.85)可化为以下凸问题

$$\begin{aligned} \min_{\boldsymbol{w}} \quad & \|\hat{\boldsymbol{X}}\boldsymbol{w}\|_2 + \rho\|\boldsymbol{w}\|_p \\ \text{s.t.} \quad & \Re(\boldsymbol{w}^H\boldsymbol{a}_0) - \sqrt{\epsilon}\|\boldsymbol{w}\| \geqslant 1. \end{aligned} \tag{3.91}$$

注意，虽然定理 3.1.1和定理 3.1.3原本是针对实数值变量与参数的，但是不难证明，它们均可推广至复数值变量与参数.

## 3.4 残差模的极大极小问题

残差模的极大极小问题是指以下问题，即

$$\max_{\boldsymbol{x}} \min_{\|\boldsymbol{\Delta}\|\leqslant\rho} \|(\bar{\boldsymbol{A}}+\boldsymbol{\Delta})\boldsymbol{x}-\boldsymbol{b}\|. \tag{3.92}$$

其中，当 $\boldsymbol{\Delta}$ 固定时，$(\bar{\boldsymbol{A}}+\boldsymbol{\Delta})\boldsymbol{x}-\boldsymbol{b}$ 代表残差项. 它是鲁棒负的最小二乘问题，即

$$\min_{\boldsymbol{x}} \max_{\|\boldsymbol{\Delta}\|\leqslant\rho} -\|(\bar{\boldsymbol{A}}+\boldsymbol{\Delta})\boldsymbol{x}-\boldsymbol{b}\|. \tag{3.93}$$

### 3.4.1 误差矩阵 2 范数球约束

首先处理问题(3.92)里面的极小化问题.

**定理 3.4.1** 给定 $\boldsymbol{x} \in \mathbb{R}^N$，极小化问题

$$\min_{\|\boldsymbol{\Delta}\|\leqslant\rho} \|(\bar{\boldsymbol{A}}+\boldsymbol{\Delta})\boldsymbol{x}-\boldsymbol{b}\|, \tag{3.94}$$

的最优值为

$$\max\{\|\bar{\boldsymbol{A}}\boldsymbol{x}-\boldsymbol{b}\| - \rho\|\boldsymbol{x}\|,\ 0\}. \tag{3.95}$$

**证明：**假设 $\boldsymbol{x} \neq \boldsymbol{0}$，且 $\|\bar{\boldsymbol{A}}\boldsymbol{x}-\boldsymbol{b}\| - \rho\|\boldsymbol{x}\| \geqslant 0$. 因此，$\bar{\boldsymbol{A}}\boldsymbol{x}-\boldsymbol{b} \neq \boldsymbol{0}$（否则，$\boldsymbol{x}=\boldsymbol{0}$，不满足假设）. 注意不等式

$$\|(\bar{\boldsymbol{A}}+\boldsymbol{\Delta})\boldsymbol{x}-\boldsymbol{b}\| \geqslant \|\bar{\boldsymbol{A}}\boldsymbol{x}-\boldsymbol{b}\| - \|\boldsymbol{\Delta}\boldsymbol{x}\| \tag{3.96}$$

$$\geqslant \|\bar{\boldsymbol{A}}\boldsymbol{x}-\boldsymbol{b}\| - \|\boldsymbol{\Delta}\|\|\boldsymbol{x}\| \tag{3.97}$$

$$\geqslant \|\bar{\boldsymbol{A}}\boldsymbol{x}-\boldsymbol{b}\| - \rho\|\boldsymbol{x}\|. \tag{3.98}$$

易知下界(3.98)可达，即当

$$\boldsymbol{\Delta} = \frac{-\rho}{\|\bar{\boldsymbol{A}}\boldsymbol{x} - \boldsymbol{b}\|\|\boldsymbol{x}\|}(\bar{\boldsymbol{A}}\boldsymbol{x} - \boldsymbol{b})\boldsymbol{x}^T \tag{3.99}$$

时可达. 换言之

$$\min_{\|\boldsymbol{\Delta}\|\leqslant\rho} \|(\bar{\boldsymbol{A}} + \boldsymbol{\Delta})\boldsymbol{x} - \boldsymbol{b}\| = \|\bar{\boldsymbol{A}}\boldsymbol{x} - \boldsymbol{b}\| - \rho\|\boldsymbol{x}\|. \tag{3.100}$$

当 $\boldsymbol{x} \neq \boldsymbol{0}$，且 $\|\bar{\boldsymbol{A}}\boldsymbol{x} - \boldsymbol{b}\| - \rho\|\boldsymbol{x}\| < 0$ 时，则有

$$\min_{\|\boldsymbol{\Delta}\|\leqslant\rho} \|(\bar{\boldsymbol{A}} + \boldsymbol{\Delta})\boldsymbol{x} - \boldsymbol{b}\| = 0. \tag{3.101}$$

事实上，令

$$\boldsymbol{\Delta} = -\frac{(\bar{\boldsymbol{A}}\boldsymbol{x} - \boldsymbol{b})\boldsymbol{x}^T}{\|\boldsymbol{x}\|^2}. \tag{3.102}$$

可验证 $\|\boldsymbol{\Delta}\| < \rho$，以及 $\|(\bar{\boldsymbol{A}} + \boldsymbol{\Delta})\boldsymbol{x} - \boldsymbol{b}\| = 0$. 所以，式(3.101)成立.

结合式(3.100)和式(3.101)，立即有闭式的最小值(3.95). 当 $\boldsymbol{x} = \boldsymbol{0}$ 时，式(3.94)与式(3.95)仍然相等. □

类似地，当式(3.94)中的约束改为 $\|\boldsymbol{\Delta}\|_F \leqslant \rho$ 时，则最小值保持不变，仍然是式(3.95). 特别地，当 $\boldsymbol{b} = \boldsymbol{0}$ 时，则有

$$\min_{\|\boldsymbol{\Delta}\|\leqslant\rho} \|(\bar{\boldsymbol{A}} + \boldsymbol{\Delta})\boldsymbol{x}\| = \max\{\|\bar{\boldsymbol{A}}\boldsymbol{x}\| - \rho\|\boldsymbol{x}\|，0\}. \tag{3.103}$$

当 $\bar{\boldsymbol{A}}$ 与 $\boldsymbol{\Delta}$ 是行向量时，则式(3.103)退化为

$$\min_{\|\boldsymbol{\delta}\|\leqslant\rho} |(\bar{\boldsymbol{a}} + \boldsymbol{\delta})^T\boldsymbol{x}| = \max\{|\bar{\boldsymbol{a}}^T\boldsymbol{x}| - \rho\|\boldsymbol{x}\|，0\}. \tag{3.104}$$

因此，由定理 3.4.1可知，残差模的极大极小问题最优值为

$$\max_{\boldsymbol{x}} \min_{\|\boldsymbol{\Delta}\|\leqslant\rho} \|(\bar{\boldsymbol{A}} + \boldsymbol{\Delta})\boldsymbol{x} - \boldsymbol{b}\| = \max_{\boldsymbol{x}} \max\{\|\bar{\boldsymbol{A}}\boldsymbol{x} - \boldsymbol{b}\| - \rho\|\boldsymbol{x}\|，0\}. \tag{3.105}$$

因为当 $\hat{\boldsymbol{x}} = \boldsymbol{0}$ 时，$\|\bar{\boldsymbol{A}}\hat{\boldsymbol{x}} - \boldsymbol{b}\| - \rho\|\hat{\boldsymbol{x}}\| = \|\boldsymbol{b}\| \geqslant 0$，所以

$$\max_{\boldsymbol{x}}\{\|\bar{\boldsymbol{A}}\boldsymbol{x} - \boldsymbol{b}\| - \rho\|\boldsymbol{x}\|\} \geqslant 0. \tag{3.106}$$

一方面有

$$\max\{\max_{\boldsymbol{x}}\{\|\bar{\boldsymbol{A}}\boldsymbol{x} - \boldsymbol{b}\| - \rho\|\boldsymbol{x}\|\}，0\}$$

$$= \max_{\boldsymbol{x}}\{\|\bar{\boldsymbol{A}}\boldsymbol{x} - \boldsymbol{b}\| - \rho\|\boldsymbol{x}\|\} \tag{3.107}$$

$$\leqslant \max_{\boldsymbol{x}} \max\{\|\bar{\boldsymbol{A}}\boldsymbol{x} - \boldsymbol{b}\| - \rho\|\boldsymbol{x}\|,\ 0\}. \tag{3.108}$$

其中，等式是由于式(3.106)，不等式是因为 $\|\bar{\boldsymbol{A}}\boldsymbol{x} - \boldsymbol{b}\| - \rho\|\boldsymbol{x}\| \leqslant \max\{\|\bar{\boldsymbol{A}}\boldsymbol{x} - \boldsymbol{b}\| - \rho\|\boldsymbol{x}\|,\ 0\}$.

另一方面有

$$\begin{aligned}
&\max\{\max_{\boldsymbol{x}}\{\|\bar{\boldsymbol{A}}\boldsymbol{x} - \boldsymbol{b}\| - \rho\|\boldsymbol{x}\|\},\ 0\} \\
=&\max_{\boldsymbol{x}}\{\|\bar{\boldsymbol{A}}\boldsymbol{x} - \boldsymbol{b}\| - \rho\|\boldsymbol{x}\|\} \qquad (3.109)\\
\geqslant&\max\{\|\bar{\boldsymbol{A}}\boldsymbol{x} - \boldsymbol{b}\| - \rho\|\boldsymbol{x}\|,\ 0\},\ \forall \boldsymbol{x}. \qquad (3.110)
\end{aligned}$$

式（3.110）是由于 $\max_{\boldsymbol{x}} \|\bar{\boldsymbol{A}}\boldsymbol{x} - \boldsymbol{b}\| - \rho\|\boldsymbol{x}\| \geqslant \|\bar{\boldsymbol{A}}\boldsymbol{x} - \boldsymbol{b}\| - \rho\|\boldsymbol{x}\|$ 与 $\max_{\boldsymbol{x}}\{\|\bar{\boldsymbol{A}}\boldsymbol{x} - \boldsymbol{b}\| - \rho\|\boldsymbol{x}\|\} \geqslant 0$[即式(3.106)]，故有

$$\max\{\max_{\boldsymbol{x}}\{\|\bar{\boldsymbol{A}}\boldsymbol{x}-\boldsymbol{b}\|-\rho\|\boldsymbol{x}\|\},\ 0\} \geqslant \max_{\boldsymbol{x}} \max\{\|\bar{\boldsymbol{A}}\boldsymbol{x}-\boldsymbol{b}\|-\rho\|\boldsymbol{x}\|,\ 0\}. \tag{3.111}$$

结合式(3.108)和式(3.111)，可得

$$\begin{aligned}
&\max\{\max_{\boldsymbol{x}}\{\|\bar{\boldsymbol{A}}\boldsymbol{x} - \boldsymbol{b}\| - \rho\|\boldsymbol{x}\|\},\ 0\} \\
=&\max_{\boldsymbol{x}} \max\{\|\bar{\boldsymbol{A}}\boldsymbol{x} - \boldsymbol{b}\| - \rho\|\boldsymbol{x}\|,\ 0\}. \qquad (3.112)
\end{aligned}$$

因此，残差模的极大极小问题最优值(3.105)可进一步写为

$$\begin{aligned}
&\max_{\boldsymbol{x}} \min_{\|\boldsymbol{\Delta}\| \leqslant \rho} \|(\bar{\boldsymbol{A}} + \boldsymbol{\Delta})\boldsymbol{x} - \boldsymbol{b}\| \\
=&\max\{\max_{\boldsymbol{x}}\{\|\bar{\boldsymbol{A}}\boldsymbol{x} - \boldsymbol{b}\| - \rho\|\boldsymbol{x}\|\},\ 0\} \qquad (3.113)\\
=&\max_{\boldsymbol{x}}\{\|\bar{\boldsymbol{A}}\boldsymbol{x} - \boldsymbol{b}\| - \rho\|\boldsymbol{x}\|\}. \qquad (3.114)
\end{aligned}$$

这表明残差模的极大极小问题是一个典型的非凸问题，因为它的目标函数是两个凸函数的差. 因此，需采纳一些专门的全局优化算法求解.

除此以外，如果 $\bar{\boldsymbol{A}}$ 是可逆矩阵，那么以下极大化问题

$$\max_{\|\boldsymbol{\delta}\| \leqslant \rho} \|\bar{\boldsymbol{A}}(\boldsymbol{x} + \boldsymbol{\delta}) - \boldsymbol{b}\| \tag{3.115}$$

的最优值为

$$\left(\frac{\rho}{\|\boldsymbol{x}-\bar{\boldsymbol{A}}^{-1}\boldsymbol{b}\|}+1\right)\|\bar{\boldsymbol{A}}\boldsymbol{x}-\boldsymbol{b}\|. \tag{3.116}$$

事实上，

$$\|\bar{\boldsymbol{A}}(\boldsymbol{x}+\boldsymbol{\delta})-\boldsymbol{b}\| \leqslant \|\bar{\boldsymbol{A}}\boldsymbol{\delta}\|+\|\bar{\boldsymbol{A}}\boldsymbol{x}-\boldsymbol{b}\|. \tag{3.117}$$

其中，对任意 $\epsilon>0$ 满足：

$$\bar{\boldsymbol{A}}\boldsymbol{\delta}=\epsilon(\bar{\boldsymbol{A}}\boldsymbol{x}-\boldsymbol{b})=\epsilon\bar{\boldsymbol{A}}(\boldsymbol{x}-\bar{\boldsymbol{A}}^{-1}\boldsymbol{b}), \tag{3.118}$$

均有不等式(3.117)的等式成立. 因为 $\bar{\boldsymbol{A}}$ 可逆，所以由式(3.118)可得

$$\boldsymbol{\delta}=\epsilon(\boldsymbol{x}-\bar{\boldsymbol{A}}^{-1}\boldsymbol{b}). \tag{3.119}$$

在式(3.119)中，取

$$\epsilon=\frac{\rho}{\|\boldsymbol{x}-\bar{\boldsymbol{A}}^{-1}\boldsymbol{b}\|}, \tag{3.120}$$

可验算 $\|\boldsymbol{\delta}\|=\rho$，以及

$$\|\bar{\boldsymbol{A}}\boldsymbol{\delta}\|=\frac{\rho\|\bar{\boldsymbol{A}}\boldsymbol{x}-\boldsymbol{b}\|}{\|\boldsymbol{x}-\bar{\boldsymbol{A}}^{-1}\boldsymbol{b}\|}. \tag{3.121}$$

从而，不等式(3.117)的右边为

$$\|\bar{\boldsymbol{A}}\boldsymbol{\delta}\|+\|\bar{\boldsymbol{A}}\boldsymbol{x}-\boldsymbol{b}\|=\left(\frac{\rho}{\|\boldsymbol{x}-\bar{\boldsymbol{A}}^{-1}\boldsymbol{b}\|}+1\right)\|\bar{\boldsymbol{A}}\boldsymbol{x}-\boldsymbol{b}\|. \tag{3.122}$$

这就证明了问题(3.115)的最优值是式 (3.116).

类似可证明，当 $\bar{\boldsymbol{A}}$ 可逆时，极小化问题

$$\min_{\|\boldsymbol{\delta}\|\leqslant\rho}\|\bar{\boldsymbol{A}}(\boldsymbol{x}+\boldsymbol{\delta})-\boldsymbol{b}\| \tag{3.123}$$

的最优值为

$$\left|1-\frac{\rho}{\|\boldsymbol{x}-\bar{\boldsymbol{A}}^{-1}\boldsymbol{b}\|}\right|\|\bar{\boldsymbol{A}}\boldsymbol{x}-\boldsymbol{b}\|. \tag{3.124}$$

### 3.4.2 误差矩阵无穷范数球约束

众所周知，误差的无穷范数定义为

$$\|\boldsymbol{\Delta}\|_\infty=\max_{1\leqslant m\leqslant M}\sum_{n=1}^{N}|\Delta_{mn}|=\max\{\|\boldsymbol{\delta}_1\|_1,\ \cdots,\ \|\boldsymbol{\delta}_M\|_1\}. \tag{3.125}$$

这里，$\boldsymbol{\Delta}^T = [\boldsymbol{\delta}_1, \ \cdots, \ \boldsymbol{\delta}_M]$，即 $\boldsymbol{\delta}_m$ 是 $\boldsymbol{\Delta}$ 的第 $m$ 行向量，于是，

$$\|\boldsymbol{\Delta}\|_\infty \leqslant \rho \Longleftrightarrow \|\boldsymbol{\delta}_m\|_1 \leqslant \rho, \ \forall m. \tag{3.126}$$

考虑残差模极大极小问题

$$\max_{\boldsymbol{x}} \min_{\|\boldsymbol{\Delta}\|_\infty \leqslant \rho} \|(\bar{\boldsymbol{A}} + \boldsymbol{\Delta})\boldsymbol{x} - \boldsymbol{b}\|. \tag{3.127}$$

显然，由式(3.126)可知，它的不确定集合可等价地写为

$$\mathcal{U} = \{\boldsymbol{\Delta} \mid \|\boldsymbol{\delta}_m\|_1 \leqslant \rho, \ \forall m\}. \tag{3.128}$$

**定理 3.4.2**　假设 $\bar{\boldsymbol{a}}_m^T$ 是 $\bar{\boldsymbol{A}}$ 的第 $m$ 行向量，以及 $\boldsymbol{\delta}_m^T$ 是 $\boldsymbol{\Delta}$ 的第 $m$ 行向量，固定 $\boldsymbol{x}$，则极小化问题

$$\min_{\|\boldsymbol{\Delta}\|_\infty \leqslant \rho} \|(\bar{\boldsymbol{A}} + \boldsymbol{\Delta})\boldsymbol{x} - \boldsymbol{b}\|, \tag{3.129}$$

的最优值为

$$\sqrt{\sum_{m=1}^{M} \left(\max\{|\bar{\boldsymbol{a}}_m^T \boldsymbol{x} - b_m| - \rho\|\boldsymbol{x}\|_\infty, \ 0\}\right)^2}. \tag{3.130}$$

**证明：** 当 $\boldsymbol{x} = \boldsymbol{0}$ 时，结论显然成立. 假设 $\boldsymbol{x} \neq \boldsymbol{0}$，且

$$|\bar{\boldsymbol{a}}_m^T \boldsymbol{x} - b_m| - \rho\|\boldsymbol{x}\|_\infty \geqslant 0, \ \forall m. \tag{3.131}$$

所以

$$|\bar{\boldsymbol{a}}_m^T \boldsymbol{x} - b_m| \geqslant \rho\|\boldsymbol{x}\|_\infty > 0, \ \forall m. \tag{3.132}$$

注意

$$\|(\bar{\boldsymbol{A}} + \boldsymbol{\Delta})\boldsymbol{x} - \boldsymbol{b}\| = \sqrt{\sum_{m=1}^{M} |(\bar{\boldsymbol{a}}_m + \boldsymbol{\delta}_m)^T \boldsymbol{x} - b_m|^2}, \tag{3.133}$$

而且

$$|(\bar{\boldsymbol{a}}_m + \boldsymbol{\delta}_m)^T \boldsymbol{x} - b_m| \geqslant |\bar{\boldsymbol{a}}_m^T \boldsymbol{x} - b_m| - |\boldsymbol{\delta}_m^T \boldsymbol{x}| \tag{3.134}$$

$$\geqslant |\bar{\boldsymbol{a}}_m^T\boldsymbol{x} - b_m| - \|\boldsymbol{\delta}_m\|_1\|\boldsymbol{x}\|_\infty \tag{3.135}$$

$$\geqslant |\bar{\boldsymbol{a}}_m^T\boldsymbol{x} - b_m| - \rho\|\boldsymbol{x}\|_\infty \tag{3.136}$$

$$\geqslant 0. \tag{3.137}$$

令 $n_0 = \arg\max\{|x_n| \mid 1 \leqslant n \leqslant N\}$，$\boldsymbol{e}_{n_0}$ 是单位矩阵的第 $n_0$ 列. 当

$$\boldsymbol{\delta}_m = -\rho\frac{\bar{\boldsymbol{a}}_m^T\boldsymbol{x} - b_m}{|\bar{\boldsymbol{a}}_m^T\boldsymbol{x} - b_m|}\mathrm{sgn}(x_{n_0})\boldsymbol{e}_{n_0} \tag{3.138}$$

时 [注意式(3.132)]，有 $\|\boldsymbol{\delta}_m\|_1 = \rho$，且

$$|(\bar{\boldsymbol{a}}_m + \boldsymbol{\delta}_m)^T\boldsymbol{x} - b_m| = |\bar{\boldsymbol{a}}_m^T\boldsymbol{x} - b_m| - \rho\|\boldsymbol{x}\|_\infty. \tag{3.139}$$

因此，有

$$\min_{\|\boldsymbol{\delta}_m\|_1\leqslant\rho} |(\bar{\boldsymbol{a}}_m + \boldsymbol{\delta}_m)^T\boldsymbol{x} - b_m| = |\bar{\boldsymbol{a}}_m^T\boldsymbol{x} - b_m| - \rho\|\boldsymbol{x}\|_\infty. \tag{3.140}$$

现在，假设存在 $m \in \{1，2，\cdots，M\}$ 使得

$$|\bar{\boldsymbol{a}}_m^T\boldsymbol{x} - b_m| - \rho\|\boldsymbol{x}\|_\infty < 0. \tag{3.141}$$

那么，取

$$\boldsymbol{\delta}_m = -\frac{\bar{\boldsymbol{a}}_m^T\boldsymbol{x} - b_m}{\|\boldsymbol{x}\|_\infty}\mathrm{sgn}(x_{n_0})\boldsymbol{e}_{n_0}, \tag{3.142}$$

则有 $\|\boldsymbol{\delta}_m\|_1 < \rho$，而且有

$$|(\bar{\boldsymbol{a}}_m + \boldsymbol{\delta}_m)^T\boldsymbol{x} - b_m| = 0. \tag{3.143}$$

由式(3.140)和式(3.143)得知

$$\min_{\|\boldsymbol{\delta}_m\|_1\leqslant\rho} |(\bar{\boldsymbol{a}}_m + \boldsymbol{\delta}_m)^T\boldsymbol{x} - b_m| = \max\{|\bar{\boldsymbol{a}}_m^T\boldsymbol{x} - b_m| - \rho\|\boldsymbol{x}\|_\infty，0\}. \tag{3.144}$$

由式(3.133)，进一步知道

$$\min_{\|\boldsymbol{\delta}_m\|_1\leqslant\rho，\ \forall m} \|(\bar{\boldsymbol{A}} + \boldsymbol{\Delta})\boldsymbol{x} - \boldsymbol{b}\|$$

$$= \sqrt{\sum_{m=1}^{M} \min_{\|\boldsymbol{\delta}_m\|_1 \leqslant \rho} |(\bar{\boldsymbol{a}}_m + \boldsymbol{\delta}_m)^T \boldsymbol{x} - b_m|^2}. \tag{3.145}$$

所以，结合式(3.144)和式(3.145)可断定

$$\min_{\|\boldsymbol{\delta}_m\|_1 \leqslant \rho, \ \forall m} \|(\bar{\boldsymbol{A}} + \boldsymbol{\Delta})\boldsymbol{x} - \boldsymbol{b}\| \tag{3.146}$$

$$= \sqrt{\sum_{m=1}^{M} (\max\{|\bar{\boldsymbol{a}}_m^T \boldsymbol{x} - b_m| - \rho\|\boldsymbol{x}\|_\infty, \ 0\})^2}. \tag{3.147}$$

□

由定理 3.4.2 可知，残差模的极大极小问题变为

$$\max_{\boldsymbol{x}} \min_{\|\boldsymbol{\delta}_m\|_1 \leqslant \rho, \ \forall m} \|(\bar{\boldsymbol{A}} + \boldsymbol{\Delta})\boldsymbol{x} - \boldsymbol{b}\|$$

$$= \max_{\boldsymbol{x}} \sqrt{\sum_{m=1}^{M} (\max\{|\bar{\boldsymbol{a}}_m^T \boldsymbol{x} - b_m| - \rho\|\boldsymbol{x}\|_\infty, \ 0\})^2}. \tag{3.148}$$

显然，该问题是一个非凸问题.

## 3.5 一般秩信号模型与鲁棒自适应波束形成问题

考虑 $N$ 个阵元的均匀线性天线阵列，它的接收信号向量为

$$\boldsymbol{x}(t) = \boldsymbol{s}(t) + \boldsymbol{i}(t) + \boldsymbol{n}(t) \in \mathbb{C}^N. \tag{3.149}$$

式（3.149）中，$\boldsymbol{s}(t)$ 是阵列的目标信号向量，$\boldsymbol{i}(t)$ 是干扰向量，$\boldsymbol{n}(t)$ 为噪声向量，阵列输出信号为

$$y(t) = \boldsymbol{w}^H \boldsymbol{x}(t). \tag{3.150}$$

其中，$\boldsymbol{w} = [w_1, \ \cdots, \ w_N]^T \in \mathbb{C}^N$ 是权重向量，即波束形成向量. 假设目标信号向量 $\boldsymbol{s}(t)$ 与干扰加噪声项 $\boldsymbol{i}(t) + \boldsymbol{n}(t)$ 互相独立. 定义 $\boldsymbol{R}_s = \mathrm{E}\left[\boldsymbol{s}(t)\boldsymbol{s}(t)^H\right]$

和 $\boldsymbol{R}_{i+n} = \mathrm{E}\left[(\boldsymbol{i}(t)+\boldsymbol{n}(t))(\boldsymbol{i}(t)+\boldsymbol{n}(t))^H\right]$，它们分别是目标信号的协方差矩阵和干扰加噪声项的协方差矩阵. 于是阵列输出信干噪比为

$$\mathrm{SINR} = \frac{\boldsymbol{w}^H\boldsymbol{R}_s\boldsymbol{w}}{\boldsymbol{w}^H\boldsymbol{R}_{i+n}\boldsymbol{w}}. \tag{3.151}$$

由于目标信号自身与环境的特点，协方差矩阵 $\boldsymbol{R}_s$ 秩的变化范围可以是 $\{1，2，\cdots，N\}$. 正如 2.3节中所假设的，当目标信号是远场信号或点源信号时，$\boldsymbol{R}_s$ 是秩一矩阵. 但是，在许多应用中，如散射信号源或波前相差随机扰动的信号（见文献 [15]），$\boldsymbol{R}_s$ 的秩是严格大于 1 的. 所以，本节考虑一般秩的信号模型，即 $\boldsymbol{R}_s$ 具有任意秩.

显然，极大化阵列的信干噪比问题等价于以下极小化问题

$$\begin{aligned} \min_{\boldsymbol{w}} \quad & \boldsymbol{w}^H\boldsymbol{R}_{i+n}\boldsymbol{w} \\ \text{s.t.} \quad & \boldsymbol{w}^H\boldsymbol{R}_s\boldsymbol{w} \geqslant 1. \end{aligned} \tag{3.152}$$

考虑它的鲁棒对等问题，即

$$\begin{aligned} \min_{\boldsymbol{w}} \quad & \max_{\boldsymbol{\Delta}_1\in\mathcal{U}_1} \boldsymbol{w}^H(\hat{\boldsymbol{R}}+\boldsymbol{\Delta}_1)\boldsymbol{w} \\ \text{s.t.} \quad & \min_{\boldsymbol{\Delta}_2\in\mathcal{U}_2} \boldsymbol{w}^H(\boldsymbol{Q}+\boldsymbol{\Delta}_2)^H(\boldsymbol{Q}+\boldsymbol{\Delta}_2)\boldsymbol{w} \geqslant 1. \end{aligned} \tag{3.153}$$

其中，$\hat{\boldsymbol{R}}$ 是采样矩阵，见式(3.81)，$\hat{\boldsymbol{R}}_s$ 是目标信号协方差矩阵 $\boldsymbol{R}_s$ 的预估值，且 $\hat{\boldsymbol{R}}_s = \boldsymbol{Q}^H\boldsymbol{Q}$. 不确定集合 $\mathcal{U}_1$ 和 $\mathcal{U}_2$ 分别为

$$\mathcal{U}_1 = \{\boldsymbol{\Delta}_1 \mid \hat{\boldsymbol{R}}+\boldsymbol{\Delta}_1 \succeq \boldsymbol{0}，\|\boldsymbol{\Delta}_1\| \leqslant \gamma\} \tag{3.154}$$

和

$$\mathcal{U}_2 = \{\boldsymbol{\Delta}_2 \mid \|\boldsymbol{\Delta}_2\| \leqslant \eta\}. \tag{3.155}$$

由式(3.154)立即可知，鲁棒对等问题(3.153)的目标函数等于 $\boldsymbol{w}^H(\hat{\boldsymbol{R}}+\gamma\boldsymbol{I})\boldsymbol{w}$. 而根据定理 3.4.1，于是鲁棒对等问题(3.153)约束中的极小化问题有闭式解，且最优值为

$$\left(\max\{\|\boldsymbol{Q}\boldsymbol{w}\|-\eta\|\boldsymbol{w}\|，0\}\right)^2. \tag{3.156}$$

假设鲁棒对等问题(3.153)的可行集非空，即存在 $\boldsymbol{w}_0$ 使得 $\|\boldsymbol{Q}\boldsymbol{w}_0\|-\eta\|\boldsymbol{w}_0\|\geqslant 1$. 那么该问题可转化为

$$\begin{aligned}\min_{\boldsymbol{w}} \quad & \boldsymbol{w}^H(\hat{\boldsymbol{R}}+\gamma\boldsymbol{I})\boldsymbol{w} \\ \text{s.t.} \quad & \|\boldsymbol{Q}\boldsymbol{w}\|-\eta\|\boldsymbol{w}\|\geqslant 1.\end{aligned} \tag{3.157}$$

当 $\boldsymbol{Q}$ 是 $N$ 维行向量时，上述问题则是二阶锥规划问题，否则，它是非凸问题. 文献 [15] 和 [16] 分别用序列半正定规划和二阶锥规划求解鲁棒对等问题. 大量数值实验表明两种算法都可以达到全局最优解，但是后者在迭代次数和计算时间方面要优于前者.

另外，如果将 $\mathcal{U}_1$ 和 $\mathcal{U}_2$ 的矩阵范数由 2 范数改为 Frobenius 范数时，那么鲁棒对等问题(3.153)仍然等价于非凸问题(3.157).

# 第 4 章　线性概率约束的凸表示与内部逼近

假设优化问题约束中的参数含有随机变量，概率约束是指该约束以不小于一个给定概率成立. 由于随机变量的分布通常仅部分可知，因此一般情况下很难用若干确定的约束等价地刻画概率约束定义的集合. 另外，虽然有时随机变量的分布是清楚的，但是概率约束往往定义了一个非凸集合.

为了处理优化问题中的概率约束，一方面可以寻找它的凸表示；另一方面是计算它的内部凸逼近，即用可计算的凸约束描述该优化问题可行集的子集. 在多数情况下，研究概率约束内部凸逼近是唯一的选择. 本章首先介绍一种可凸表示的线性概率约束及应用；其次给出线性概率约束的内部逼近.

## 4.1　可凸表示的线性概率约束

### 4.1.1　线性概率约束

考虑不确定线性约束

$$\boldsymbol{a}^T\boldsymbol{x}+b\leqslant 0. \tag{4.1}$$

其中，

$$\begin{bmatrix}\boldsymbol{a}\\ b\end{bmatrix}=\begin{bmatrix}\boldsymbol{a}_0\\ b_0\end{bmatrix}+\sum_{m=1}^{M}\zeta_m\begin{bmatrix}\boldsymbol{a}_m\\ b_m\end{bmatrix}, \tag{4.2}$$

且 $\boldsymbol{\zeta}\in\mathbb{R}^M$ 是一个随机向量（它的分布是已知或部分可知）. 线性概率约束定义如下

$$\text{Prob}\left\{b_0+\boldsymbol{a}_0^T\boldsymbol{x}+\sum_{m=1}^{M}\zeta_m\left(b_m+\boldsymbol{a}_m^T\boldsymbol{x}\right)\leqslant 0\right\}\geqslant p, \tag{4.3}$$

这里 $p$ 是用户给定的概率水准.

鲁棒线性约束规定了扰动变量属于一个给定的集合 $\mathcal{Z}$，并且式(4.1)对 $\mathcal{Z}$ 中所有的向量参数都成立，缺一不可. 相对而言，线性概率约束(4.3)没有如此保守. 但是，线性概率约束也有其本身的问题，例如，随机变量 $\boldsymbol{\zeta}$ 的分布不易确定、多大的概率水准 $p$ 才算满意等.

与鲁棒线性约束类似，确定一个向量 $\boldsymbol{x}$ 是否满足线性概率约束(4.3)是 NP-难的. 例如，当约束(4.3)中的 $\zeta_m$（$m=1，2，\cdots，M$）是独立同分布，且服从二元同概率分布

$$\zeta_m=\begin{cases}+1, & q=0.5,\\ -1, & 1-q.\end{cases} \tag{4.4}$$

多数情况下，线性概率约束(4.3)定义了一个非凸集合；据目前所知，唯一的例外情况是随机变量 $\boldsymbol{\zeta}$ 服从正态分布且 $p\geqslant 0.5$. 下面，具体讨论这种情况.

### 4.1.2 高斯随机向量概率约束的凸表示

假设随机变量 $\boldsymbol{\zeta}$ 服从正态分布 $\mathcal{N}(\boldsymbol{\mu}，\boldsymbol{\Sigma})$，且 $\boldsymbol{\Sigma}\succ\mathbf{0}$. 令

$$w_m(\boldsymbol{x})=b_m+\boldsymbol{a}_m^T\boldsymbol{x}，\ m=0，1，\cdots，M， \tag{4.5}$$

即

$$\boldsymbol{w}(\boldsymbol{x})=\begin{bmatrix}b_1+\boldsymbol{a}_1^T\boldsymbol{x}\\ \vdots\\ b_M+\boldsymbol{a}_M^T\boldsymbol{x}\end{bmatrix}=\boldsymbol{A}^T\begin{bmatrix}\boldsymbol{x}\\ 1\end{bmatrix}. \tag{4.6}$$

其中，$\boldsymbol{A}$ 定义为

$$\boldsymbol{A}=\begin{bmatrix}\boldsymbol{a}_1 & \cdots & \boldsymbol{a}_M\\ b_1 & \cdots & b_M\end{bmatrix}. \tag{4.7}$$

那么线性概率约束(4.3)等价于

$$\text{Prob}\left\{\boldsymbol{\zeta}^H\boldsymbol{w}(\boldsymbol{x})\leqslant -w_0(\boldsymbol{x})\right\}\geqslant p. \tag{4.8}$$

显然，一元随机变量 $\boldsymbol{\zeta}^T\boldsymbol{w}(\boldsymbol{x})$ 服从正态分布，且均值为 $\boldsymbol{\mu}^T\boldsymbol{w}(\boldsymbol{x})$ 及标准差为 $\sqrt{\boldsymbol{w}(\boldsymbol{x})^T\boldsymbol{\Sigma}\boldsymbol{w}(\boldsymbol{x})}$. 因此，

$$z(\boldsymbol{x})=\frac{\boldsymbol{\zeta}^T\boldsymbol{w}(\boldsymbol{x})-\boldsymbol{\mu}^T\boldsymbol{w}(\boldsymbol{x})}{\sqrt{\boldsymbol{w}(\boldsymbol{x})^T\boldsymbol{\Sigma}\boldsymbol{w}(\boldsymbol{x})}} \tag{4.9}$$

是标准正态分布的随机变量，且式(4.8)等同于

$$\text{Prob}\,\{z(\boldsymbol{x})\leqslant\tau(\boldsymbol{x})\}\geqslant p, \tag{4.10}$$

这里

$$\tau(\boldsymbol{x})=\frac{-w_0(\boldsymbol{x})-\boldsymbol{\mu}^T\boldsymbol{w}(\boldsymbol{x})}{\sqrt{\boldsymbol{w}(\boldsymbol{x})^T\boldsymbol{\Sigma}\boldsymbol{w}(\boldsymbol{x})}}. \tag{4.11}$$

令 $\varPhi(z)$ 为标准正态分布的累积分布函数，即

$$\varPhi(z)=\text{Prob}\,\{z(\boldsymbol{x})\leqslant z\}=\int_{-\infty}^{z}\frac{\mathrm{e}^{-s^2/2}}{\sqrt{2\pi}}\mathrm{d}s. \tag{4.12}$$

所以，概率约束(4.10)可以写为

$$\varPhi(\tau(\boldsymbol{x}))\geqslant p. \tag{4.13}$$

因为 $\varPhi(z)$ 是递增函数，由式(4.13)可得

$$\tau(\boldsymbol{x})\geqslant\varPhi^{-1}(p). \tag{4.14}$$

其中，$\varPhi^{-1}$ 代表逆函数. 当 $p\geqslant 0.5$ 时，则有 $\varPhi^{-1}(p)\geqslant 0$.

根据式(4.10)、式(4.11)和式(4.14)可知，概率约束(4.8)等价于

$$w_0(\boldsymbol{x})+\boldsymbol{\mu}^T\boldsymbol{w}(\boldsymbol{x})+\varPhi^{-1}(p)\sqrt{\boldsymbol{w}(\boldsymbol{x})^T\boldsymbol{\Sigma}\boldsymbol{w}(\boldsymbol{x})}\leqslant 0. \tag{4.15}$$

亦即

$$\left(\begin{bmatrix}\boldsymbol{a}_0\\ b_0\end{bmatrix}+\boldsymbol{A\mu}\right)^T\begin{bmatrix}\boldsymbol{x}\\ 1\end{bmatrix}+\varPhi^{-1}(p)\sqrt{\begin{bmatrix}\boldsymbol{x}\\ 1\end{bmatrix}^T\boldsymbol{A\Sigma A}^T\begin{bmatrix}\boldsymbol{x}\\ 1\end{bmatrix}}\leqslant 0. \tag{4.16}$$

显然，这是关于 $\boldsymbol{x}$ 的一个二阶锥约束. 因此，总结结论如下.

**定理4.1.1** 假设线性概率约束(4.3)中的随机变量 $\boldsymbol{\zeta}$ 服从正态分布$\mathcal{N}(\boldsymbol{\mu},\ \boldsymbol{\Sigma})$，且 $\boldsymbol{\Sigma}\succ\boldsymbol{0}$. 预定的概率 $p\geqslant 0.5$. 则该概率约束等同于二阶锥约束(4.16).

特别地，考虑线性约束

$$\boldsymbol{a}^T\boldsymbol{x} \leqslant b. \tag{4.17}$$

其中，$\boldsymbol{a} \sim \mathcal{N}(\boldsymbol{\mu},\ \boldsymbol{\Sigma})$ 是高斯随机向量，则概率约束

$$\text{Prob}\left\{\boldsymbol{a}^T\boldsymbol{x} \leqslant b\right\} \geqslant p \tag{4.18}$$

（$p \geqslant 0.5$）等价于二阶锥约束

$$\Phi^{-1}(p)\|\boldsymbol{\Sigma}^{1/2}\boldsymbol{x}\| \leqslant b - \boldsymbol{\mu}^T\boldsymbol{x}. \tag{4.19}$$

事实上，只需在式(4.3)中，令 $\boldsymbol{\zeta} = \boldsymbol{a} \in \mathbb{R}^N$，$\boldsymbol{a}_0 = \mathbf{0}$，$b_0 = -b$，$\boldsymbol{a}_m = \boldsymbol{e}_m$，$b_m = 0$，$m = 1$，$\cdots$，$M$，则式(4.16)可退化为式(4.19).

## 4.2　投资组合优化中的风险值极小化问题

假设投资问题与 2.2节相同. 令 $\boldsymbol{r} = [R_1,\ \cdots,\ R_N]^T \in \mathbb{R}^N$ 为某个固定时期内 $N$ 个金融产品的回报向量（随机向量），$\boldsymbol{w} = [w_1,\ \cdots,\ w_N]^T \in \mathbb{R}^N$ 是投资组合向量，且满足 $\mathbf{1}^T\boldsymbol{w} = 1$. 在投资组合管理中，常常假设 $\boldsymbol{r}$ 服从正态分布（虽然有时这是个有争议的假设），且期望为 $\boldsymbol{\mu}$，协方差矩阵是 $\boldsymbol{\Sigma}$. 投资组合向量 $\boldsymbol{w}$ 的回报定义为

$$\rho(\boldsymbol{w}) = \boldsymbol{r}^T\boldsymbol{w} \tag{4.20}$$

而该投资组合的损失则是 $l(\boldsymbol{w}) = -\rho(\boldsymbol{w})$.

随机变量 $x$ 在 $\epsilon$ 处的风险值定义为（见文献 [4]）

$$\text{VaR}(x,\ \epsilon) = \inf\{\gamma \mid \text{Prob}\left\{x \leqslant \gamma\right\} \geqslant 1 - \epsilon\} \tag{4.21}$$

$$= \inf\{\gamma \mid \text{Prob}\left\{x > \gamma\right\} \leqslant \epsilon\}. \tag{4.22}$$

于是，上述投资组合损失的风险值可写为

$$\text{VaR}(l(\boldsymbol{w}),\ \epsilon) = \inf\{\gamma \mid \text{Prob}\left\{l(\boldsymbol{w}) \geqslant \gamma\right\} \leqslant \epsilon\} \tag{4.23}$$

[注意，这里 $l(\boldsymbol{w})$ 是连续随机变量]. 比如，$\mathrm{VaR}(l(\boldsymbol{w}),\ 0.05) = 80\%$ 代表最多有 5% 的概率使得该投资组合损失值超过 0.8. 显然

$$\mathrm{VaR}(l(\boldsymbol{w}),\ \epsilon) = -\sup\{\xi \mid \mathrm{Prob}\,\{\rho(\boldsymbol{w}) \leqslant \xi\} \leqslant \epsilon\}. \tag{4.24}$$

当 $l(\boldsymbol{w})$ 的累积分布函数是连续的且严格递增时 [正态分布变量 $l(\boldsymbol{w})$ 满足此条件]，则有

$$\sup\{\gamma \mid \mathrm{Prob}\,\{\rho(\boldsymbol{w}) \leqslant \gamma\} \leqslant \epsilon\} = \inf\{\gamma \mid \mathrm{Prob}\,\{\rho(\boldsymbol{w}) \leqslant \gamma\} \geqslant \epsilon\}. \tag{4.25}$$

假设累积分布函数$F_{\rho(\boldsymbol{w})}(\gamma) = \mathrm{Prob}\,\{\rho(\boldsymbol{w}) \leqslant \gamma\} = p$，则上述等式的右边是该累积分布函数的逆，即

$$F^{-1}_{\rho(\boldsymbol{w})}(\epsilon) = \inf\{\gamma \mid \mathrm{Prob}\,\{\rho(\boldsymbol{w}) \leqslant \gamma\} \geqslant \epsilon\}. \tag{4.26}$$

根据式(4.24)、式(4.25)和式(4.26)，便有

$$\mathrm{VaR}(l(\boldsymbol{w}),\ \epsilon) = -F^{-1}_{\rho(\boldsymbol{w})}(\epsilon). \tag{4.27}$$

于是，对任意 $v > 0$，则有

$$\mathrm{VaR}(l(\boldsymbol{w}),\ \epsilon) \leqslant v \Longleftrightarrow -F^{-1}_{\rho(\boldsymbol{w})}(\epsilon) \leqslant v \Longleftrightarrow F_{\rho(\boldsymbol{w})}(-v) \leqslant \epsilon. \tag{4.28}$$

上述最后一个条件满足

$$F_{\rho(\boldsymbol{w})}(-v) \leqslant \epsilon \Longleftrightarrow \mathrm{Prob}\,\{\boldsymbol{r}^T\boldsymbol{w} \leqslant -v\} \leqslant \epsilon. \tag{4.29}$$

它的互补事件满足

$$\mathrm{Prob}\,\{-\boldsymbol{r}^T\boldsymbol{w} \leqslant v\} \geqslant 1-\epsilon. \tag{4.30}$$

换言之

$$\mathrm{VaR}(l(\boldsymbol{w}),\ \epsilon) \leqslant v \Longleftrightarrow \mathrm{Prob}\,\{-\boldsymbol{r}^T\boldsymbol{w} \leqslant v\} \geqslant 1-\epsilon. \tag{4.31}$$

由定理 4.1.1的特殊形式(4.19)可知，

$$\mathrm{VaR}(l(\boldsymbol{w}),\ \epsilon) \leqslant v \Longleftrightarrow v + \boldsymbol{\mu}^T\boldsymbol{w} \geqslant \Phi^{-1}(1-\epsilon)\|\boldsymbol{\Sigma}^{1/2}\boldsymbol{w}\|. \tag{4.32}$$

其中，$\Phi$ 是标准正态分布的累积分布函数.

考虑以下典型的投资组合优化问题.

给定投资的目标回报是 $\nu$ 和风险水平值 $\epsilon \leqslant 0.5$（例如，$\epsilon = 0.02$）. 假设不允许卖空，即 $\boldsymbol{w} \geqslant 0$. 如何找到一投资组合使得投资的期望回报至少为 $\nu$，并且在 $\epsilon$ 处的风险值$\mathrm{VaR}(l(\boldsymbol{w}),\ \epsilon)$ 极小化.

显然，上述投资组合问题的数学模型可写成

$$\begin{aligned} \min_{\boldsymbol{w},\ v} \quad & v \\ \text{s.t.} \quad & \mathrm{VaR}(l(\boldsymbol{w}),\ \epsilon) \leqslant v \\ & \boldsymbol{\mu}^T \boldsymbol{w} \geqslant \nu \\ & \mathbf{1}^T \boldsymbol{w} = 1 \\ & \boldsymbol{w} \geqslant \mathbf{0}. \end{aligned} \tag{4.33}$$

根据式(4.32)，上述优化问题进一步化为以下二阶锥规划问题

$$\begin{aligned} \min_{\boldsymbol{w},\ v} \quad & v \\ \text{s.t.} \quad & v + \boldsymbol{\mu}^T \boldsymbol{w} \geqslant \Phi^{-1}(1-\epsilon)\|\boldsymbol{\Sigma}^{1/2}\boldsymbol{w}\| \\ & \boldsymbol{\mu}^T \boldsymbol{w} \geqslant \nu \\ & \mathbf{1}^T \boldsymbol{w} = 1 \\ & \boldsymbol{w} \geqslant \mathbf{0}. \end{aligned} \tag{4.34}$$

注意，因为 $1-\epsilon \geqslant 0.5$，所以 $\Phi^{-1}(1-\epsilon) \geqslant 0$.

## 4.3 随机无失真反应约束下的最小方差波束形成优化问题

假设考虑的信号模型和 2.3节一致. 鲁棒最小方差波束形成优化问题可描述为

$$\begin{aligned} \min_{\boldsymbol{w}} \quad & \boldsymbol{w}^H \hat{\boldsymbol{R}} \boldsymbol{w} \\ \text{s.t.} \quad & |\boldsymbol{a}^H \boldsymbol{w}| \geqslant 1,\ \forall \boldsymbol{a} \in \mathcal{A}(\boldsymbol{a}_0,\ \epsilon). \end{aligned} \tag{4.35}$$

其中，$\mathcal{A}(\boldsymbol{a}_0,\ \epsilon) = \{\boldsymbol{a} \mid \|\boldsymbol{a} - \boldsymbol{a}_0\|^2 \leqslant \epsilon\}$ 是目标信号方向向量所在的集合. 问题(4.35)的约束称为无失真反应约束.

概率约束下的鲁棒最小方差波束形成优化问题把 $\boldsymbol{a}$ 视为服从某一分布的随机向量，对应的无失真反应约束改为在大概率下的无失真反应. 因此，该波

束形成优化问题（见文献 [17]）可写成

$$\begin{aligned} \min_{\boldsymbol{w}} \quad & \boldsymbol{w}^H \hat{\boldsymbol{R}} \boldsymbol{w} \\ \text{s.t.} \quad & \operatorname{Prob}\{|\boldsymbol{a}^H \boldsymbol{w}| \geqslant 1\} \geqslant p. \end{aligned} \tag{4.36}$$

其中，$p$ 是给定的大概率值.

令 $\boldsymbol{\delta} = \boldsymbol{a} - \boldsymbol{a}_0$. 其中，$\boldsymbol{a}_0$ 是给定的方向向量估计（确定而非随机的），$\boldsymbol{\delta}$ 是随机向量. 波束形成优化问题(4.36)的约束等同于

$$\operatorname{Prob}\{|(\boldsymbol{a}_0 + \boldsymbol{\delta})^H \boldsymbol{w}| \geqslant 1\} \geqslant p. \tag{4.37}$$

注意

$$|\boldsymbol{a}_0^H \boldsymbol{w}| + |\boldsymbol{\delta}^H \boldsymbol{w}| \geqslant |(\boldsymbol{a}_0 + \boldsymbol{\delta})^H \boldsymbol{w}| \geqslant |\boldsymbol{a}_0^H \boldsymbol{w}| - |\boldsymbol{\delta}^H \boldsymbol{w}|. \tag{4.38}$$

于是有

$$\operatorname{Prob}\{|\boldsymbol{a}_0^H \boldsymbol{w}| + |\boldsymbol{\delta}^H \boldsymbol{w}| \geqslant 1\} \geqslant \operatorname{Prob}\{|(\boldsymbol{a}_0 + \boldsymbol{\delta})^H \boldsymbol{w}| \geqslant 1\}, \tag{4.39}$$

以及

$$\operatorname{Prob}\{|(\boldsymbol{a}_0 + \boldsymbol{\delta})^H \boldsymbol{w}| \geqslant 1\} \geqslant \operatorname{Prob}\{|\boldsymbol{a}_0^H \boldsymbol{w}| - |\boldsymbol{\delta}^H \boldsymbol{w}| \geqslant 1\}. \tag{4.40}$$

因此，概率约束问题

$$\begin{aligned} \min_{\boldsymbol{w}} \quad & \boldsymbol{w}^H \hat{\boldsymbol{R}} \boldsymbol{w} \\ \text{s.t.} \quad & \operatorname{Prob}\{|\boldsymbol{a}_0^H \boldsymbol{w}| + |\boldsymbol{\delta}^H \boldsymbol{w}| \geqslant 1\} \geqslant p \end{aligned} \tag{4.41}$$

是问题(4.36)的松弛问题，而

$$\begin{aligned} \min_{\boldsymbol{w}} \quad & \boldsymbol{w}^H \hat{\boldsymbol{R}} \boldsymbol{w} \\ \text{s.t.} \quad & \operatorname{Prob}\{|\boldsymbol{a}_0^H \boldsymbol{w}| - |\boldsymbol{\delta}^H \boldsymbol{w}| \geqslant 1\} \geqslant p \end{aligned} \tag{4.42}$$

是问题(4.36)的内部逼近问题，即它的可行集包含于问题(4.36)的可行集. 换言之，它的最优值大于或等于问题(4.36)的最优值.

### 4.3.1 正态分布的目标信号方向向量

首先处理内部逼近问题(4.42). 假设 $\boldsymbol{\delta} \in \mathbb{C}^N$ 服从复数值的正态分布（见文献 [18]）

$$\boldsymbol{\delta} \sim \mathcal{N}_C(\mathbf{0},\ \boldsymbol{\Sigma}). \tag{4.43}$$

其中，共轭对称矩阵 $\boldsymbol{\Sigma}$ 是半正定矩阵，亦即 $\boldsymbol{a} \sim \mathcal{N}_C(\boldsymbol{a}_0,\ \boldsymbol{\Sigma})$. 因此，$\boldsymbol{\delta}^H \boldsymbol{w}$ 是一个高斯随机变量

$$\boldsymbol{\delta}^H \boldsymbol{w} \sim \mathcal{N}_C(0,\ \|\boldsymbol{\Sigma}^{1/2}\boldsymbol{w}\|^2), \tag{4.44}$$

并且它的实部 $\Re(\boldsymbol{\delta}^H \boldsymbol{w})$ 和虚部 $\Im(\boldsymbol{\delta}^H \boldsymbol{w})$ 是独立同分布的实值随机变量，即

$$\Re(\boldsymbol{\delta}^H \boldsymbol{w}) \sim \mathcal{N}(0,\ \|\boldsymbol{\Sigma}^{1/2}\boldsymbol{w}\|^2/2) \tag{4.45}$$

和

$$\Im(\boldsymbol{\delta}^H \boldsymbol{w}) \sim \mathcal{N}(0,\ \|\boldsymbol{\Sigma}^{1/2}\boldsymbol{w}\|^2/2). \tag{4.46}$$

众所周知，对于两个独立同分布的高斯随机变量 $x$ 和 $y$[服从 $\mathcal{N}(0,\ \sigma^2)$]，它们的模长 $z = \sqrt{x^2 + y^2}$ 服从瑞利分布，且它的累积分布函数为

$$F(z) = 1 - \mathrm{e}^{-z^2/(2\sigma^2)}, \qquad z \geqslant 0. \tag{4.47}$$

因此，内部逼近问题(4.42)的概率约束等价于

$$\begin{aligned}
&\operatorname{Prob}\{|\boldsymbol{a}_0^H \boldsymbol{w}| - |\boldsymbol{\delta}^H \boldsymbol{w}| \geqslant 1\} \\
&= \operatorname{Prob}\{|\boldsymbol{\delta}^H \boldsymbol{w}| \leqslant |\boldsymbol{a}_0^H \boldsymbol{w}| - 1\} && (4.48)\\
&= 1 - \exp\left(-\frac{(|\boldsymbol{a}_0^H \boldsymbol{w}| - 1)^2}{\|\boldsymbol{\Sigma}^{1/2}\boldsymbol{w}\|^2}\right) && (4.49)\\
&\geqslant p. && (4.50)
\end{aligned}$$

从而

$$\sqrt{-\log(1-p)}\|\boldsymbol{\Sigma}^{1/2}\boldsymbol{w}\| \leqslant |\boldsymbol{a}_0^H \boldsymbol{w}| - 1. \tag{4.51}$$

由于 $\boldsymbol{w}$ 任意的相位旋转$\mathrm{e}^{\mathrm{j}\alpha}\boldsymbol{w}$ 均不影响式(4.42)的目标函数值和可行集，因此，上述条件等同于

$$\sqrt{-\log(1-p)}\|\boldsymbol{\Sigma}^{1/2}\boldsymbol{w}\| \leqslant \Re(\boldsymbol{a}_0^H\boldsymbol{w}) - 1. \tag{4.52}$$

于是概率约束问题(4.42)可化为以下二阶锥规划问题

$$\begin{aligned} \min_{\boldsymbol{w}} \quad & \boldsymbol{w}^H\hat{\boldsymbol{R}}\boldsymbol{w} \\ \text{s.t.} \quad & \sqrt{-\log(1-p)}\|\boldsymbol{\Sigma}^{1/2}\boldsymbol{w}\| \leqslant \Re(\boldsymbol{a}_0^H\boldsymbol{w}) - 1. \end{aligned} \tag{4.53}$$

因此，当 $\boldsymbol{a} \sim \mathcal{N}_C(\boldsymbol{a}_0, \boldsymbol{\Sigma})$ 时，上述问题是问题(4.36)的内部逼近问题，即问题(4.53)的最优解是问题(4.36)的一个可行解.

类似地，问题(4.36)的松弛问题(4.41)等价于

$$\begin{aligned} \min_{\boldsymbol{w}} \quad & \boldsymbol{w}^H\hat{\boldsymbol{R}}\boldsymbol{w} \\ \text{s.t.} \quad & -\sqrt{-\log(p)}\|\boldsymbol{\Sigma}^{1/2}\boldsymbol{w}\| \leqslant \Re(\boldsymbol{a}_0^H\boldsymbol{w}) - 1. \end{aligned} \tag{4.54}$$

它是个非凸问题 [当 $\boldsymbol{a} \sim \mathcal{N}_C(\boldsymbol{a}_0, \boldsymbol{\Sigma})$ 时]，须采用非凸优化的算法求解.

### 4.3.2 零均值和给定协方差矩阵的目标信号方向向量

假设连续随机向量 $\boldsymbol{\delta}$ 的分布未知，但已知它的期望为零，协方差矩阵是 $\boldsymbol{\Sigma}$. 内部逼近问题(4.42)可重写为

$$\begin{aligned} \min_{\boldsymbol{w}} \quad & \boldsymbol{w}^H\hat{\boldsymbol{R}}\boldsymbol{w} \\ \text{s.t.} \quad & \text{Prob}\left\{|\boldsymbol{\delta}^H\boldsymbol{w}| \leqslant \Re(\boldsymbol{a}_0^H\boldsymbol{w}) - 1\right\} \geqslant p. \end{aligned} \tag{4.55}$$

显然，随机变量 $\boldsymbol{\delta}^H\boldsymbol{w}$ 的期望为零，方差是 $\boldsymbol{w}^H\boldsymbol{\Sigma}\boldsymbol{w}$. 注意，这里 $\Re(\boldsymbol{a}_0^H\boldsymbol{w})-1>0$（因为 $\text{Prob}\left\{|\boldsymbol{\delta}^H\boldsymbol{w}|\leqslant\Re(\boldsymbol{a}_0^H\boldsymbol{w})-1\right\}=\text{Prob}\left\{|\boldsymbol{\delta}^H\boldsymbol{w}| < \Re(\boldsymbol{a}_0^H\boldsymbol{w})-1\right\}\geqslant p>0$）.

对任意 $t>0$，由马尔可夫不等式得到

$$\text{Prob}\left\{|\boldsymbol{\delta}^H\boldsymbol{w}| \geqslant t\right\} = \text{Prob}\left\{|\boldsymbol{\delta}^H\boldsymbol{w}|^2 \geqslant t^2\right\} \tag{4.56}$$

$$\leqslant \frac{\mathrm{E}\left[|\boldsymbol{\delta}^H\boldsymbol{w}|^2\right]}{t^2} \tag{4.57}$$

$$= \frac{\boldsymbol{w}^H\boldsymbol{\Sigma}\boldsymbol{w}}{t^2}. \tag{4.58}$$

注意，问题(4.55)的约束等价于

$$\text{Prob}\left\{|\boldsymbol{\delta}^H\boldsymbol{w}| \geqslant \Re(\boldsymbol{a}_0^H\boldsymbol{w}) - 1\right\} \leqslant 1-p \tag{4.59}$$

且

$$\mathrm{Prob}\left\{|\boldsymbol{\delta}^H\boldsymbol{w}|\geqslant\Re(\boldsymbol{a}_0^H\boldsymbol{w})-1\right\}\leqslant\frac{\boldsymbol{w}^H\boldsymbol{\Sigma}\boldsymbol{w}}{(\Re(\boldsymbol{a}_0^H\boldsymbol{w})-1)^2}. \tag{4.60}$$

因此，若有

$$\frac{\boldsymbol{w}^H\boldsymbol{\Sigma}\boldsymbol{w}}{(\Re(\boldsymbol{a}_0^H\boldsymbol{w})-1)^2}\leqslant 1-p, \tag{4.61}$$

即

$$\|\boldsymbol{\Sigma}^{1/2}\boldsymbol{w}\|\leqslant\sqrt{1-p}(\Re(\boldsymbol{a}_0^H\boldsymbol{w})-1), \tag{4.62}$$

则必有式(4.59). 所以，以下二阶锥规划问题

$$\begin{aligned}\min_{\boldsymbol{w}}\quad & \boldsymbol{w}^H\hat{\boldsymbol{R}}\boldsymbol{w}\\ \text{s.t.}\quad & \|\boldsymbol{\Sigma}^{1/2}\boldsymbol{w}\|\leqslant\sqrt{1-p}(\Re(\boldsymbol{a}_0^H\boldsymbol{w})-1),\end{aligned} \tag{4.63}$$

是问题(4.55)的内部逼近问题，因此，也是问题(4.36)的内部逼近问题.

## 4.4 内部逼近

本节首先给出概率约束的内部逼近 (也称安全逼近)，然后介绍基于矩母函数的内部逼近，并证明当概率约束中的随机变量为独立同分布的高斯随机变量或有界随机变量时，该内部逼近条件可以转化为二阶锥约束.

### 4.4.1 概率约束的内部逼近

假设 $\zeta\in\mathbb{R}$ 是任意一随机变量，定义函数 $\mathrm{one}(z)$:

$$\mathrm{one}(z)=\begin{cases}1, & 若 z\geqslant 0,\\ 0, & 若 z<0.\end{cases} \tag{4.64}$$

假设非负函数 $\phi(z)$ 是非递减函数，并满足:

$$\mathrm{one}(z)\leqslant\phi(z),\ \forall z\in\mathbb{R}. \tag{4.65}$$

常见的函数 $\phi$ 有 $\phi(z)=\max\{z+1,0\}$ 和 $\phi(z)=\mathrm{e}^z$ 等.

因此，对任意 $\alpha > 0$，则有

$$\mathrm{Prob}\{\zeta \geqslant 0\} = \mathrm{Prob}\{\alpha^{-1}\zeta \geqslant 0\} \tag{4.66}$$

$$= \mathrm{Prob}\{\mathrm{one}(\alpha^{-1}\zeta) \geqslant 1\} \tag{4.67}$$

$$\leqslant \mathrm{E}[\mathrm{one}(\alpha^{-1}\zeta)] \tag{4.68}$$

$$\leqslant \mathrm{E}[\phi(\alpha^{-1}\zeta)]. \tag{4.69}$$

其中，第一个不等式是马尔可夫不等式，第二个不等式则是因为式(4.65). 如果

$$\mathrm{E}[\phi(\alpha^{-1}\zeta)] \leqslant \epsilon, \tag{4.70}$$

或者

$$\alpha\mathrm{E}[\phi(\alpha^{-1}\zeta)] \leqslant \alpha\epsilon, \tag{4.71}$$

那么，保证有

$$\mathrm{Prob}\{\zeta \geqslant 0\} \leqslant \epsilon, \tag{4.72}$$

所以，条件(4.70)可视为概率约束(4.72)的内部逼近.

假设有实值函数 $f(\boldsymbol{x},\ \boldsymbol{\zeta})$. 其中，$\boldsymbol{x}$ 是优化变量，$\boldsymbol{\zeta}$ 为随机向量. 考虑以下概率约束

$$\mathrm{Prob}\{f(\boldsymbol{x},\ \boldsymbol{\zeta}) \geqslant 0\} \leqslant \epsilon. \tag{4.73}$$

根据式(4.71)，可知

$$\inf_{\alpha \geqslant 0}\left\{\alpha\mathrm{E}[\phi(\alpha^{-1}f(\boldsymbol{x},\ \boldsymbol{\zeta}))] - \alpha\epsilon\right\} \leqslant 0, \tag{4.74}$$

是式(4.73)的内部逼近表达式. 但是一般而言，式（4.74）未必是凸的. 所以，需要寻找尽量简单的充分条件保证式(4.74)是凸逼近.

### 4.4.2 正态分布变量与基于矩母函数的内部逼近

取 $\phi(z) = \mathrm{e}^z$. 由式(4.70)可知，对任意的 $\alpha > 0$，

$$\mathrm{E}[\exp(\alpha^{-1}f(\boldsymbol{x},\ \boldsymbol{\zeta}))] \leqslant \epsilon \tag{4.75}$$

是概率约束(4.73)的内部逼近条件. 上述不等式的左边可视为随机变量 $f(\boldsymbol{x}，\boldsymbol{\zeta})$ 的矩母函数. 显然，式(4.75)等价于

$$\log \mathrm{E}\left[\exp(\alpha^{-1} f(\boldsymbol{x}，\boldsymbol{\zeta}))\right] \leqslant \log \epsilon. \tag{4.76}$$

上述不等式可进一步写成

$$\alpha \log \mathrm{E}\left[\exp(\alpha^{-1} f(\boldsymbol{x}，\boldsymbol{\zeta}))\right] \leqslant \alpha \log \epsilon. \tag{4.77}$$

因此，

$$\inf_{\alpha \geqslant 0} \left\{\alpha \log \mathrm{E}\left[\exp(\alpha^{-1} f(\boldsymbol{x}，\boldsymbol{\zeta}))\right] + \alpha \log(1/\epsilon)\right\} \leqslant 0 \tag{4.78}$$

也是概率约束(4.73)的内部逼近条件.

现在假设 $\boldsymbol{\zeta}$ 的分量是独立的高斯随机变量，即 $\zeta_m \sim \mathcal{N}(\mu_m，\sigma_m^2)$，$m = 1，2，\cdots，M$，并且

$$f(\boldsymbol{x}，\boldsymbol{\zeta}) = b_0 + \boldsymbol{a}_0^T \boldsymbol{x} + \sum_{m=1}^{M} \zeta_m \left(b_m + \boldsymbol{a}_m^T \boldsymbol{x}\right). \tag{4.79}$$

在这些假设下，目的是将概率约束

$$\mathrm{Prob}\left\{f(\boldsymbol{x}，\boldsymbol{\zeta}) \leqslant 0\right\} \geqslant p \tag{4.80}$$

或者

$$\mathrm{Prob}\left\{f(\boldsymbol{x}，\boldsymbol{\zeta}) \geqslant 0\right\} \leqslant 1 - p = \epsilon \tag{4.81}$$

的内部逼近条件(4.78)化为一个二阶锥约束条件.

设 $\bar{\zeta}_m = \zeta_m - \mu_m \sim \mathcal{N}(0，\sigma_m^2)$. 则有

$$f(\boldsymbol{x}，\boldsymbol{\zeta}) = t(\boldsymbol{x}) + \sum_{m=1}^{M} \bar{\zeta}_m \left(b_m + \boldsymbol{a}_m^T \boldsymbol{x}\right). \tag{4.82}$$

其中，

$$t(\boldsymbol{x}) = b_0 + \boldsymbol{a}_0^T \boldsymbol{x} + \sum_{m=1}^{M} \mu_m \left(b_m + \boldsymbol{a}_m^T \boldsymbol{x}\right). \tag{4.83}$$

设正态分布变量 $\zeta \sim \mathcal{N}(0，\sigma^2)$，则易证

$$\mathrm{E}\left[\exp(\lambda\zeta)\right] = \exp(\lambda^2\sigma^2/2). \tag{4.84}$$

那么

$$\log \mathrm{E}\left[\exp(\alpha^{-1}f(\boldsymbol{x},\ \boldsymbol{\zeta}))\right] \tag{4.85}$$

$$=\log \mathrm{E}\left[\exp\left(\alpha^{-1}t(\boldsymbol{x})+\sum_{m=1}^{M}\bar{\zeta}_m\alpha^{-1}(b_m+\boldsymbol{a}_m^T\boldsymbol{x})\right)\right] \tag{4.86}$$

$$=\alpha^{-1}t(\boldsymbol{x})+\sum_{m=1}^{M}(b_m+\boldsymbol{a}_m^T\boldsymbol{x})^2\sigma_m^2/(2\alpha^2). \tag{4.87}$$

上式代入内部逼近条件(4.78)得

$$\inf_{\alpha\geqslant 0}\left\{\frac{1}{2\alpha}\sum_{m=1}^{M}(b_m+\boldsymbol{a}_m^T\boldsymbol{x})^2\sigma_m^2+t(\boldsymbol{x})+\alpha\log(1/\epsilon)\right\}$$

$$=\sqrt{2\log\frac{1}{\epsilon}}\sqrt{\sum_{m=1}^{M}(b_m+\boldsymbol{a}_m^T\boldsymbol{x})^2\sigma_m^2}+t(\boldsymbol{x}) \tag{4.88}$$

$$\leqslant 0. \tag{4.89}$$

上述不等式可进一步写为二阶锥约束

$$\sqrt{2\log\frac{1}{\epsilon}}\sqrt{\sum_{m=1}^{M}(b_m+\boldsymbol{a}_m^T\boldsymbol{x})^2\sigma_m^2}\leqslant -t(\boldsymbol{x}). \tag{4.90}$$

这里 $t(\boldsymbol{x})$ 是 $\boldsymbol{x}$ 的线性函数(4.83). 换言之，式(4.90)是概率约束(4.81)成立的充分条件. 结果总结如下.

**定理 4.4.1** 假设 $\zeta_m$ 服从正态分布 $\mathcal{N}(\mu_m,\ \sigma_m^2)$，$m=1,\ 2,\ \cdots,\ M$，且互相独立，则概率约束

$$\mathrm{Prob}\left\{b_0+\boldsymbol{a}_0^T\boldsymbol{x}+\sum_{m=1}^{M}\zeta_m\left(b_m+\boldsymbol{a}_m^T\boldsymbol{x}\right)\leqslant 0\right\}\geqslant p \tag{4.91}$$

成立的充分条件是以下二阶锥约束

$$\sqrt{2\log\frac{1}{1-p}}\sqrt{\sum_{m=1}^{M}(b_m+\boldsymbol{a}_m^T\boldsymbol{x})^2\sigma_m^2}\leqslant -t(\boldsymbol{x}). \tag{4.92}$$

其中，$t(\boldsymbol{x})$ 由式(4.83)定义.

由定理 4.1.1可知，当 $p \geqslant 0.5$（或 $\epsilon \leqslant 0.5$）时，式(4.16)是式(4.80)成立的充分必要条件. 当 $p < 0.5$ 时，定理 4.4.1表明条件(4.92)是式(4.80)的内部逼近.

特别地，当定理 4.4.1的假设成立时，概率约束$\text{Prob}\,\{\boldsymbol{x}^T\boldsymbol{\zeta} \geqslant v\} \leqslant \epsilon$ 的内部凸逼近是

$$\boldsymbol{\mu}^T\boldsymbol{x} - v + \sqrt{2\log\frac{1}{\epsilon}}\sqrt{\sum_{m=1}^{M} x_m^2\sigma_m^2} \leqslant 0. \tag{4.93}$$

其中，$\boldsymbol{\mu} = [\mu_1，\ \cdots，\ \mu_M]^T$.

### 4.4.3 有界随机变量与基于矩母函数的内部逼近

首先证明关于有界随机变量的一性质.

**引理 4.4.1** 假设均值为零的有界随机变量 $\zeta$ 满足 $c \leqslant \zeta \leqslant d$, 且 $c < 0 < d$. 则对任意给定的 $\lambda \in \mathbb{R}$, 以下不等式成立:

$$\mathrm{E}\left[\exp(\lambda\zeta)\right] \leqslant \exp(\lambda^2(d-c)^2/8). \tag{4.94}$$

**证明**：由于指数函数 $\mathrm{e}^x$ 是凸函数，所以对任意 $x \in [c，d]$ 有

$$\mathrm{e}^{\lambda x} = \exp\left(\lambda\left(\frac{d-x}{d-c}c + \frac{x-c}{d-c}d\right)\right) \leqslant \frac{d-x}{d-c}\mathrm{e}^{\lambda c} + \frac{x-c}{d-c}\mathrm{e}^{\lambda d}. \tag{4.95}$$

在上述不等式中，用均值为零的随机变量 $\zeta \in [c，d]$ 取代 $x$，并在两边取期望之后，可得

$$\mathrm{E}\left[\mathrm{e}^{\lambda\zeta}\right] \leqslant \frac{d}{d-c}\mathrm{e}^{\lambda c} + \frac{-c}{d-c}\mathrm{e}^{\lambda d}. \tag{4.96}$$

令 $z = \lambda(d-c)$ 和 $w = d/(d-c)$. 于是，有 $wz = \lambda d$ 及 $(1-w)z = -\lambda c$. 因此，由式(4.96)可知，

$$\mathrm{E}\left[\mathrm{e}^{\lambda\zeta}\right] \leqslant w\mathrm{e}^{\lambda c} + (1-w)\mathrm{e}^{\lambda d} = \mathrm{e}^{(w-1)z}(w + (1-w)\mathrm{e}^z) = \exp(g(z)). \tag{4.97}$$

其中，$g(z) = (w-1)z + \log(w + (1-w)\mathrm{e}^z)$. 易算得

$$g'(z) = (w-1) + \frac{1-w}{w\mathrm{e}^{-z} + (1-w)} \tag{4.98}$$

和

$$g''(z) = \frac{w(1-w)\mathrm{e}^{-z}}{(w\mathrm{e}^{-z} + (1-w))^2} \leqslant \frac{1}{4}, \tag{4.99}$$

并且 $g(0) = 0$，$g'(0) = 0$. 根据泰勒公式和式(4.99)，则有

$$g(z) \leqslant \frac{1}{8} z^2, \tag{4.100}$$

亦即

$$g(\lambda(d-c)) \leqslant \frac{\lambda^2(d-c)^2}{8}. \tag{4.101}$$

再由式(4.97)得到

$$\mathrm{E}\left[\mathrm{e}^{\lambda\zeta}\right] \leqslant \exp\left(\frac{\lambda^2(d-c)^2}{8}\right). \tag{4.102}$$

□

特别地，当 $d = -c = \sigma$ 时（即 $|\zeta| \leqslant \sigma$），不等式(4.94)退化为

$$\mathrm{E}\left[\exp(\lambda\zeta)\right] \leqslant \exp(\lambda^2\sigma^2/2). \tag{4.103}$$

此时，可用更简单的办法证明式(4.103). 事实上，由式(4.96)可知

$$\begin{aligned}
\mathrm{E}\left[\exp(\lambda\zeta)\right] &\leqslant \frac{1}{2}\mathrm{e}^{-\lambda\sigma} + \frac{1}{2}\mathrm{e}^{\lambda\sigma} &(4.104)\\
&= 1 + \sum_{k=1}^{\infty}\left(\frac{\lambda^k\sigma^k}{2k!} + \frac{(-\lambda)^k\sigma^k}{2k!}\right) &(4.105)\\
&= 1 + \sum_{k=1}^{\infty}\frac{\lambda^k\sigma^k}{2k!}(1+(-1)^k) &(4.106)\\
&= 1 + \sum_{k=1}^{\infty}\frac{\lambda^{2k}\sigma^{2k}}{(2k)!} &(4.107)\\
&\leqslant 1 + \sum_{k=1}^{\infty}\frac{\lambda^{2k}\sigma^{2k}}{2^k k!} &(4.108)\\
&= \exp(\lambda^2\sigma^2/2). &(4.109)
\end{aligned}$$

现假设随机变量 $\zeta_m$（$m = 1, 2, \cdots, M$）相互独立，期望 $\mathrm{E}[\zeta_m] = \mu_m$，$\zeta_m \in [c_m, d_m]$，且满足 $c_m < \mu_m < d_m$. 那么，$\zeta_m$ 的偏移 $\bar{\zeta}_m = \zeta_m - \mu_m$ 则是均值为零，且 $\bar{\zeta}_m \in [c_m - \mu_m, d_m - \mu_m]$.

考虑概率约束(4.81)，

$$\operatorname{Prob}\{f(\boldsymbol{x},\ \boldsymbol{\zeta}) \geqslant 0\} \leqslant \epsilon = 1 - p, \tag{4.110}$$

这里，$f(\boldsymbol{x},\ \boldsymbol{\zeta})$ 如式(4.79)定义. 同样

$$f(\boldsymbol{x},\ \boldsymbol{\zeta}) = f(\boldsymbol{x},\ \bar{\boldsymbol{\zeta}}) = t(\boldsymbol{x}) + \sum_{m=1}^{M} \bar{\zeta}_m \left(b_m + \boldsymbol{a}_m^T \boldsymbol{x}\right). \tag{4.111}$$

其中，$t(\boldsymbol{x})$ 如式(4.83)所定义. 类似式(4.85)与式(4.86)，有

$$\begin{aligned}
&\log \mathrm{E}\left[\exp(\alpha^{-1} f(\boldsymbol{x},\ \boldsymbol{\zeta}))\right] \\
=&\log \mathrm{E}\left[\exp\left(\alpha^{-1} t(\boldsymbol{x}) + \sum_{m=1}^{M} \bar{\zeta}_m \alpha^{-1}(b_m + \boldsymbol{a}_m^T \boldsymbol{x})\right)\right] &(4.112)\\
\leqslant&\alpha^{-1} t(\boldsymbol{x}) + \sum_{m=1}^{M} (b_m + \boldsymbol{a}_m^T \boldsymbol{x})^2 (d_m - c_m)^2/(8\alpha^2). &(4.113)
\end{aligned}$$

上述不等式利用了引理 4.4.1的结果.

由概率约束的内部逼近条件(4.78)，可得

$$\begin{aligned}
&\inf_{\alpha \geqslant 0} \left\{\alpha \log \mathrm{E}\left[\exp(\alpha^{-1} f(\boldsymbol{x},\ \boldsymbol{\zeta}))\right] + \alpha \log(1/\epsilon)\right\} \\
\leqslant& \inf_{\alpha \geqslant 0} \left\{t(\boldsymbol{x}) + \frac{1}{8\alpha} \sum_{m=1}^{M} (b_m + \boldsymbol{a}_m^T \boldsymbol{x})^2 (d_m - c_m)^2 + \alpha \log(1/\epsilon)\right\} &(4.114)\\
=&t(\boldsymbol{x}) + \sqrt{\frac{1}{2} \log \frac{1}{\epsilon}} \sqrt{\sum_{m=1}^{M} (b_m + \boldsymbol{a}_m^T \boldsymbol{x})^2 (d_m - c_m)^2}. &(4.115)
\end{aligned}$$

于是，概率约束(4.110)的内部逼近可用以下二阶锥约束刻画.

$$t(\boldsymbol{x}) + \sqrt{\frac{1}{2} \log \frac{1}{\epsilon}} \sqrt{\sum_{m=1}^{M} (b_m + \boldsymbol{a}_m^T \boldsymbol{x})^2 (d_m - c_m)^2} \leqslant 0. \tag{4.116}$$

**定理 4.4.2**　假设互相独立的随机变量 $\zeta_m \in [c_m,\ d_m]$ 的期望 $\mathrm{E}[\zeta_m] = \mu_m$，$m = 1,\ \cdots,\ M$，且满足 $c_m < \mu_m < d_m$. 那么，概率约束

$$\operatorname{Prob}\left\{b_0 + \boldsymbol{a}_0^T \boldsymbol{x} + \sum_{m=1}^{M} \zeta_m \left(b_m + \boldsymbol{a}_m^T \boldsymbol{x}\right) \leqslant 0\right\} \geqslant p \tag{4.117}$$

成立的充分条件是

$$t(\boldsymbol{x})+\sqrt{\frac{1}{2}\log\frac{1}{1-p}}\sqrt{\sum_{m=1}^{M}(b_m+\boldsymbol{a}_m^T\boldsymbol{x})^2(d_m-c_m)^2}\leqslant 0. \tag{4.118}$$

其中，$t(\boldsymbol{x})$ 由式(4.83)定义.

特别地，在定理 4.4.2条件下，概率约束$\text{Prob}\{\boldsymbol{\zeta}^T\boldsymbol{x}\geqslant v\}\leqslant\epsilon$ 的内部凸逼近可描述为

$$\boldsymbol{\mu}^T\boldsymbol{x}-v+\sqrt{\frac{1}{2}\log\frac{1}{\epsilon}}\sqrt{\sum_{m=1}^{M}x_m^2(d_m-c_m)^2}\leqslant 0, \tag{4.119}$$

其中，$\boldsymbol{\mu}=[\mu_1,\ \cdots,\ \mu_M]^T$.

# 第 5 章　$S$ 引理及其矩阵形式

$S$ 引理是鲁棒优化、控制理论和计算几何学等学科中的重要理论工具之一（见文献 [19]、[20]）. 同时，它在信号处理的许多鲁棒优化设计问题上有重要的应用. $S$ 引理处理由二次函数定义的不确定集合上非负二次函数的线性矩阵不等式等价表示. 这里涉及的二次函数一般是非凸的. 换言之，基于 $S$ 引理，该半无穷二次函数约束可以被单一的线性矩阵不等式等价地刻画.

$S$ 引理大致可以分为两类：实变量 $S$ 引理和复变量 $S$ 引理. 从本质上讲，由于复数的自由度（即模长与幅角）比实数的自由度多一个，所以复变量 $S$ 引理允许不确定集合由两个二次函数定义给出（实变量 $S$ 引理对应着由一个二次函数定义的不确定集合）. 因此，复变量 $S$ 引理更为一般. 本章将首先介绍实变量 $S$ 引理及其矩阵形式，然后给出复变量 $S$ 引理和它的矩阵形式，最后证明 $S$ 引理的等价变形.

## 5.1　矩阵秩一分解定理

文献 [21] 和 [22] 分别证明了关于实对称矩阵和复共轭对称矩阵（即埃尔米特矩阵）的秩一分解定理，并用它们证明了二次函数数值域的凸性和 $S$ 引理等.

### 5.1.1　实对称矩阵的特别秩一分解

假设 $\boldsymbol{X}$ 是一个秩为 $R$ 的实对称半正定矩阵，$\boldsymbol{A}$ 是任意给定的一个实对称矩阵，则 $\boldsymbol{X}$ 的谱分解可以写为

$$\boldsymbol{X} = \sum_{r=1}^{R} \boldsymbol{x}_r \boldsymbol{x}_r^T = \boldsymbol{Y}\boldsymbol{Y}^T. \tag{5.1}$$

其中，$\boldsymbol{Y}=[\boldsymbol{x}_1, \cdots, \boldsymbol{x}_R]$. 一般情况下，该分解不能满足

$$\boldsymbol{x}_1^T\boldsymbol{A}\boldsymbol{x}_1=\cdots=\boldsymbol{x}_R^T\boldsymbol{A}\boldsymbol{x}_R=\frac{\operatorname{tr}(\boldsymbol{A}\boldsymbol{X})}{R}. \tag{5.2}$$

在文献 [21] 中，将谱分解得到的向量 $\{\boldsymbol{x}_1, \cdots, \boldsymbol{x}_R\}$ 逐个进行旋转（旋转因子与 $\boldsymbol{A}$ 有关），从而得到新的一组向量 $\{\hat{\boldsymbol{x}}_1, \cdots, \hat{\boldsymbol{x}}_R\}$，使得

$$\boldsymbol{X}=\sum_{r=1}^{R}\hat{\boldsymbol{x}}_r\hat{\boldsymbol{x}}_r^T,\ \hat{\boldsymbol{x}}_r^T\boldsymbol{A}\hat{\boldsymbol{x}}_r=\frac{\operatorname{tr}(\boldsymbol{A}\boldsymbol{X})}{R},\ r=1, 2, \cdots, R. \tag{5.3}$$

这里，将利用随机的方法，以概率为 1 地产生一组 $\{\hat{\boldsymbol{x}}_1, \cdots, \hat{\boldsymbol{x}}_R\}$ 使得它们也满足式(5.3)（详见文献 [23]）. 以下将给出有别于文献 [21] 的定理证明.

**定理 5.1.1** 设 $\boldsymbol{X}$ 是一 $N\times N$ 秩为 $R$ 的半正定矩阵, $\boldsymbol{A}$ 是给定的 $N\times N$ 实对称矩阵. 那么，可构造出 $\boldsymbol{X}$ 的秩一分解 $\boldsymbol{X}=\sum\limits_{r=1}^{R}\boldsymbol{x}_r\boldsymbol{x}_r^T$ 使得

$$\boldsymbol{x}_r^T\boldsymbol{A}\boldsymbol{x}_r=\frac{\operatorname{tr}(\boldsymbol{A}\boldsymbol{X})}{R},\ r=1, 2, \cdots, R. \tag{5.4}$$

**证明：** 首先，证明存在一向量 $\boldsymbol{x}_1\in\operatorname{Range}(\boldsymbol{X})$（$\boldsymbol{X}$ 的列空间）使得

$$\boldsymbol{x}_1^T\boldsymbol{A}\boldsymbol{x}_1=\frac{\operatorname{tr}(\boldsymbol{A}\boldsymbol{X})}{R},\ \text{以及}\boldsymbol{X}-\boldsymbol{x}_1\boldsymbol{x}_1^T\succeq\boldsymbol{0}. \tag{5.5}$$

实际上，假设 $\boldsymbol{X}$ 的谱分解是 $\boldsymbol{X}=\boldsymbol{Y}\boldsymbol{Y}^T$. 其中，$\boldsymbol{Y}=[\boldsymbol{x}_1, \cdots, \boldsymbol{x}_R]$. 考虑 $R\times R$ 矩阵 $\boldsymbol{Y}^T\boldsymbol{A}\boldsymbol{Y}$ 的谱分解

$$\boldsymbol{Y}^T\boldsymbol{A}\boldsymbol{Y}=\boldsymbol{U}\boldsymbol{\Lambda}\boldsymbol{U}^T, \tag{5.6}$$

其中，$\boldsymbol{U}$ 和 $\boldsymbol{\Lambda}$ 均为 $R\times R$ 矩阵. 由式 (5.6) 得

$$\boldsymbol{U}^T\boldsymbol{Y}^T\boldsymbol{A}\boldsymbol{Y}\boldsymbol{U}=\boldsymbol{\Lambda}. \tag{5.7}$$

在上述等式的两边取矩阵的迹，可得

$$\operatorname{tr}(\boldsymbol{U}^T\boldsymbol{Y}^T\boldsymbol{A}\boldsymbol{Y}\boldsymbol{U})=\operatorname{tr}(\boldsymbol{A}\boldsymbol{X})=\operatorname{tr}(\boldsymbol{\Lambda}). \tag{5.8}$$

现取一随机向量 $\boldsymbol{\xi}\in\mathbb{R}^R$ 使得它的分量是独立同分布，且服从等概率分布，即

$$\xi_r=\begin{cases}+1, & p=1/2,\\ -1, & 1-p,\end{cases}\quad r=1, 2, \cdots, R. \tag{5.9}$$

令

$$\boldsymbol{x}_1=\frac{1}{\sqrt{R}}\boldsymbol{YU\xi}, \tag{5.10}$$

则有 $\boldsymbol{x}_1\in\mathrm{Range}\,(\boldsymbol{Y})=\mathrm{Range}\,(\boldsymbol{X})$，且易验证概率为 1，$\boldsymbol{X}-\boldsymbol{x}_1\boldsymbol{x}_1^T$ 是半正定矩阵，以及

$$\boldsymbol{x}_1^T\boldsymbol{A}\boldsymbol{x}_1=\frac{\mathrm{tr}\,(\boldsymbol{\Lambda})}{R}=\frac{\mathrm{tr}\,(\boldsymbol{AX})}{R}. \tag{5.11}$$

这里利用了式(5.7)和式(5.8). 因此得到式(5.5).

设 $\boldsymbol{X}_1=\boldsymbol{X}-\boldsymbol{x}_1\boldsymbol{x}_1^T$. 则易见 $\boldsymbol{X}_1$ 的秩为 $R-1$. 如果 $R-1\geqslant 2$，那么重复利用式(5.5)，可得到另一向量 $\boldsymbol{x}_2$ 使得 $\boldsymbol{x}_2\in\mathrm{Range}\,(\boldsymbol{X}_1)$，$\boldsymbol{X}_1-\boldsymbol{x}_2\boldsymbol{x}_2^T\succeq\boldsymbol{0}$ 及

$$\boldsymbol{x}_2^T\boldsymbol{A}\boldsymbol{x}_2=\frac{\mathrm{tr}\,(\boldsymbol{AX}_1)}{R-1}=\frac{\mathrm{tr}\,(\boldsymbol{AX})}{R}. \tag{5.12}$$

如果 $R-1=1$，那么 $\boldsymbol{X}_1=\boldsymbol{x}_2\boldsymbol{x}_2^T$，而且 $\boldsymbol{x}_2$ 也满足式(5.12). 以此类推，可以得到一组 $\{\boldsymbol{x}_1,\ \cdots,\ \boldsymbol{x}_R\}$ 使得 $\boldsymbol{X}=\boldsymbol{x}_1\boldsymbol{x}_1^T+\cdots+\boldsymbol{x}_R\boldsymbol{x}_R^T$，且满足式(5.4). □

类似可以证明，上述定理对于复共轭对称矩阵也成立，即以下推论.

**推论 5.1.1** 设 $\boldsymbol{X}$ 是一 $N\times N$ 秩为 $R$ 复共轭对称的半正定矩阵, $\boldsymbol{A}$ 是给定的 $N\times N$ 复共轭对称矩阵. 那么，可构造出 $\boldsymbol{X}$ 的秩一分解 $\boldsymbol{X}=\sum\limits_{r=1}^{R}\boldsymbol{x}_r\boldsymbol{x}_r^H$ 使得

$$\boldsymbol{x}_r^H\boldsymbol{A}\boldsymbol{x}_r=\frac{\mathrm{tr}\,(\boldsymbol{AX})}{R},\quad r=1,\ 2,\ \cdots,\ R. \tag{5.13}$$

但是，对于复共轭对称的半正定矩阵 $\boldsymbol{X}$，可以构造出它的秩一分解使得该分解不仅满足式(5.13)，而且还满足另外一组类似式(5.13)的条件.

### 5.1.2 复共轭对称矩阵的特别秩一分解

对于复共轭对称的半正定矩阵 $\boldsymbol{X}$，有以下秩一分解定理，它是实半正定矩阵秩一分解（定理 5.1.1）的推广.

**定理 5.1.2** 设 $\boldsymbol{X}$ 是一 $N\times N$ 秩为 $R$ 复共轭对称的半正定矩阵，$\boldsymbol{A}$ 和 $\boldsymbol{B}$ 是给定的 $N\times N$ 复共轭对称矩阵. 那么，可构造出 $\boldsymbol{X}$ 的秩一分解 $\boldsymbol{X}=\sum\limits_{r=1}^{R}\boldsymbol{x}_r\boldsymbol{x}_r^H$ 使得

$$\boldsymbol{x}_r^H\boldsymbol{A}\boldsymbol{x}_r=\frac{\mathrm{tr}\,(\boldsymbol{AX})}{R},\quad \boldsymbol{x}_r^H\boldsymbol{B}\boldsymbol{x}_r=\frac{\mathrm{tr}\,(\boldsymbol{BX})}{R},\quad r=1,\ 2,\ \cdots,\ R. \tag{5.14}$$

比较式(5.13)和式(5.14)，可知在复共轭对称矩阵情况下，$\boldsymbol{X}$ 的秩一分解可以满足两组条件. 为了证明该定理，先证明以下引理.

**引理 5.1.1** 假设 $\boldsymbol{\Lambda}$ 是 $N \times N$ 实对角矩阵，$\boldsymbol{Q}$ 则是 $N \times N$ 复共轭对称矩阵，那么，存在向量 $\boldsymbol{v} \in \mathbb{C}^N$ 使得

$$\boldsymbol{v}^H \boldsymbol{\Lambda} \boldsymbol{v} = \operatorname{tr} \boldsymbol{\Lambda}, \quad \boldsymbol{v}^H \boldsymbol{Q} \boldsymbol{v} = \operatorname{tr} \boldsymbol{Q}, \quad \boldsymbol{v}^H \boldsymbol{v} = N. \tag{5.15}$$

**证明：** 令 $\delta_1 = \operatorname{tr} \boldsymbol{\Lambda}$ 和 $\delta_2 = \operatorname{tr} \boldsymbol{Q}$，设独立同分布随机变量 $\xi_n$ 服从二元等概率分布式(5.9)，$n = 1$，2，$\cdots$，$N$. 于是，以下式子以概率为 1 成立

$$\delta_1 = \operatorname{tr} \boldsymbol{\Lambda} = \operatorname{tr}(\boldsymbol{\Lambda} \boldsymbol{\xi} \boldsymbol{\xi}^T) = \boldsymbol{\xi}^T \boldsymbol{\Lambda} \boldsymbol{\xi}. \tag{5.16}$$

同时，由于 $\mathrm{E}[\boldsymbol{\xi} \boldsymbol{\xi}^T] = \boldsymbol{I}$，因此有

$$\delta_2 = \operatorname{tr} \boldsymbol{Q} = \operatorname{tr}(\boldsymbol{Q} \mathrm{E}[\boldsymbol{\xi} \boldsymbol{\xi}^T]) = \mathrm{E}[\boldsymbol{\xi}^T \boldsymbol{Q} \boldsymbol{\xi}]. \tag{5.17}$$

下面分两种情况证明. 第一种情况，$\operatorname{Prob}\{\boldsymbol{\xi}^T \boldsymbol{Q} \boldsymbol{\xi} = \mathrm{E}[\boldsymbol{\xi}^T \boldsymbol{Q} \boldsymbol{\xi}]\} = 1$（例如，$\boldsymbol{Q}$ 是对角矩阵）. 由于 $\boldsymbol{\xi}^T \boldsymbol{\xi} = N$，因此对于满足式(5.9)的随机向量 $\boldsymbol{x} \in \{\pm 1\}^N$，由式(5.16)和式(5.17)可知，式(5.15)成立.

第二种情况，$\operatorname{Prob}\{\boldsymbol{\xi}^T \boldsymbol{Q} \boldsymbol{\xi} = \mathrm{E}[\boldsymbol{\xi}^T \boldsymbol{Q} \boldsymbol{\xi}]\} < 1$. 令 $p_1 = \operatorname{Prob}\{\boldsymbol{\xi}^T \boldsymbol{Q} \boldsymbol{\xi} < \mathrm{E}[\boldsymbol{\xi}^T \boldsymbol{Q} \boldsymbol{\xi}]\}$ 和 $p_2 = \operatorname{Prob}\{\boldsymbol{\xi}^T \boldsymbol{Q} \boldsymbol{\xi} > \mathrm{E}[\boldsymbol{\xi}^T \boldsymbol{Q} \boldsymbol{\xi}]\}$. 假设 $p_1 p_2 > 0$（否则，如果 $p_1 = 0$，那么 $\operatorname{Prob}\{\boldsymbol{\xi}^T \boldsymbol{Q} \boldsymbol{\xi} \geqslant \mathrm{E}[\boldsymbol{\xi}^T \boldsymbol{Q} \boldsymbol{\xi}]\} = 1$. 这意味着 $p_2 = 0$ 及 $\operatorname{Prob}\{\boldsymbol{\xi}^T \boldsymbol{Q} \boldsymbol{\xi} = \mathrm{E}[\boldsymbol{\xi}^T \boldsymbol{Q} \boldsymbol{\xi}]\} = 1$. 这属于第一种情况. 若 $p_2 = 0$，讨论也类似）.

另取一个独立于 $\boldsymbol{\xi}$ 的随机向量 $\boldsymbol{\eta} \in \mathbb{R}^N$，且它的分量也是服从式(5.9)的独立同分布随机变量. 注意

$$\operatorname{Prob}\{(\boldsymbol{\xi}^T \boldsymbol{Q} \boldsymbol{\xi} - \mathrm{E}[\boldsymbol{\xi}^T \boldsymbol{Q} \boldsymbol{\xi}])(\boldsymbol{\eta}^T \boldsymbol{Q} \boldsymbol{\eta} - \mathrm{E}[\boldsymbol{\eta}^T \boldsymbol{Q} \boldsymbol{\eta}]) < 0\} = 2 p_1 p_2 > 0. \tag{5.18}$$

于是存在向量 $\bar{\boldsymbol{\xi}}$ 和 $\bar{\boldsymbol{\eta}}$ 均属于 $\{\pm 1\}^N$，且满足：

$$(\bar{\boldsymbol{\xi}}^T \boldsymbol{Q} \bar{\boldsymbol{\xi}} - \operatorname{tr} \boldsymbol{Q})(\bar{\boldsymbol{\eta}}^T \boldsymbol{Q} \bar{\boldsymbol{\eta}} - \operatorname{tr} \boldsymbol{Q}) < 0. \tag{5.19}$$

这是因为连续 $L$ 次独立随机地选取 $\bar{\boldsymbol{\xi}} \in \{\pm 1\}^N$ 和 $\bar{\boldsymbol{\eta}} \in \{\pm 1\}^N$ 使得 $(\bar{\boldsymbol{\xi}}^T \boldsymbol{Q} \bar{\boldsymbol{\xi}} - \mathrm{E}[\boldsymbol{\xi}^T \boldsymbol{Q} \boldsymbol{\xi}])(\bar{\boldsymbol{\eta}}^T \boldsymbol{Q} \bar{\boldsymbol{\eta}} - \mathrm{E}[\boldsymbol{\eta}^T \boldsymbol{Q} \boldsymbol{\eta}]) \geqslant 0$ 的概率为 $(1 - 2 p_1 p_2)^L$. 当 $L = 100$，$p_1 p_2 =$

0.025 时，概率为 0.0059. 因此只需小于 $L$ 次选取 $\bar{\boldsymbol{\xi}}$ 和 $\bar{\boldsymbol{\eta}}$，就可使它们满足式(5.19). 这里次数 $L$ 与维数 $N$ 无关.

下面，利用 $\bar{\boldsymbol{\xi}}$ 和 $\bar{\boldsymbol{\eta}}$ 构造 $\boldsymbol{v}$，使得它满足式(5.15). 为了符号简洁，在下面证明中，将分别用 $\boldsymbol{\xi}$ 和 $\boldsymbol{\eta}$ 代替 $\bar{\boldsymbol{\xi}}$ 和 $\bar{\boldsymbol{\eta}}$.

令 $\boldsymbol{Q} = \boldsymbol{Q}_1 + j\boldsymbol{Q}_2$（其中，实部 $\boldsymbol{Q}_1$ 是实对称矩阵，虚部 $\boldsymbol{Q}_2$ 是实的反对称矩阵）. 那么，式(5.19)则变成

$$(\boldsymbol{\xi}^T\boldsymbol{Q}_1\boldsymbol{\xi} - \delta_2)(\boldsymbol{\eta}^T\boldsymbol{Q}_1\boldsymbol{\eta} - \delta_2) < 0. \tag{5.20}$$

因此，以下一元二次方程

$$\gamma^2(\boldsymbol{\xi}^T\boldsymbol{Q}_1\boldsymbol{\xi} - \delta_2) - 2\gamma\boldsymbol{\xi}^T\boldsymbol{Q}_2\boldsymbol{\eta} + \boldsymbol{\eta}^T\boldsymbol{Q}_1\boldsymbol{\eta} - \delta_2 = 0 \tag{5.21}$$

有两个根，其中一个根是

$$\gamma_0 = \frac{\boldsymbol{\xi}^T\boldsymbol{Q}_2\boldsymbol{\eta} + \sqrt{(\boldsymbol{\eta}^T\boldsymbol{Q}_2^T\boldsymbol{\xi})^2 - (\boldsymbol{\eta}^T\boldsymbol{Q}_1\boldsymbol{\eta} - \delta_2)(\boldsymbol{\xi}^T\boldsymbol{Q}_1\boldsymbol{\xi} - \delta_2)}}{\boldsymbol{\xi}^T\boldsymbol{Q}_1\boldsymbol{\xi} - \delta_2}. \tag{5.22}$$

构造向量 $\boldsymbol{v}$ 如下

$$\boldsymbol{v} = \frac{\gamma_0}{\sqrt{1+\gamma_0^2}}\boldsymbol{\xi} + j\frac{1}{\sqrt{1+\gamma_0^2}}\boldsymbol{\eta}. \tag{5.23}$$

易验证 $\boldsymbol{v}^H\boldsymbol{v} = N$ 及 $\boldsymbol{v}^H\boldsymbol{\Lambda}\boldsymbol{v} = \operatorname{tr}\boldsymbol{\Lambda}$. 比照式(5.15)，下面只需验证 $\boldsymbol{v}^H\boldsymbol{Q}\boldsymbol{v} = \operatorname{tr}\boldsymbol{Q} = \delta_2$. 实际上，

$$\begin{aligned}
\boldsymbol{v}^H\boldsymbol{Q}\boldsymbol{v} &= \operatorname{tr}(\boldsymbol{Q}\boldsymbol{v}\boldsymbol{v}^H) & (5.24)\\
&= \operatorname{tr}\left((\boldsymbol{Q}_1 + j\boldsymbol{Q}_2)\left(\frac{\gamma_0^2\boldsymbol{\xi}\boldsymbol{\xi}^T + \boldsymbol{\eta}\boldsymbol{\eta}^T}{1+\gamma_0^2} + j\frac{\gamma_0(-\boldsymbol{\xi}\boldsymbol{\eta}^T + \boldsymbol{\eta}\boldsymbol{\xi}^T)}{1+\gamma_0^2}\right)\right) & (5.25)\\
&= \frac{\gamma_0^2\operatorname{tr}(\boldsymbol{Q}_1\boldsymbol{\xi}\boldsymbol{\xi}^T) + \operatorname{tr}(\boldsymbol{Q}_1\boldsymbol{\eta}\boldsymbol{\eta}^T) - 2\gamma_0\boldsymbol{\xi}^T\boldsymbol{Q}_2\boldsymbol{\eta}}{1+\gamma_0^2} = \delta_2. & (5.26)
\end{aligned}$$

其中，最后一个等式是由于式(5.21). □

利用引理 5.1.1，可以证明定理 5.1.2. 证明如下.

**证明**：首先证明存在向量 $\boldsymbol{x} \in \operatorname{Range}(\boldsymbol{X})$ 使得

$$\boldsymbol{X} - \boldsymbol{x}\boldsymbol{x}^H \succeq \boldsymbol{0}，\ \boldsymbol{x}^H\boldsymbol{A}\boldsymbol{x} = \frac{1}{R}\operatorname{tr}(\boldsymbol{A}\boldsymbol{X})，\ \boldsymbol{x}^H\boldsymbol{B}\boldsymbol{x} = \frac{1}{R}\operatorname{tr}(\boldsymbol{B}\boldsymbol{X}). \tag{5.27}$$

实际上，由谱分解$\boldsymbol{X}=\boldsymbol{Y}\boldsymbol{Y}^H$（其中，$\boldsymbol{Y}\in\mathbb{C}^{N\times R}$）可得 $\boldsymbol{Y}^H\boldsymbol{A}\boldsymbol{Y}=\boldsymbol{U}\boldsymbol{\Lambda}\boldsymbol{U}^H$（这里 $\boldsymbol{U}$ 和 $\boldsymbol{\Lambda}$ 均为 $R\times R$ 矩阵，且 $\boldsymbol{U}$ 是酉矩阵，$\boldsymbol{\Lambda}$ 是实对角矩阵），即 $\boldsymbol{\Lambda}=\boldsymbol{U}^H\boldsymbol{Y}^H\boldsymbol{A}\boldsymbol{Y}\boldsymbol{U}$. 令 $\boldsymbol{Q}=\boldsymbol{U}^H\boldsymbol{Y}^H\boldsymbol{B}\boldsymbol{Y}\boldsymbol{U}$. 根据引理 5.1.1，存在一个向量 $\boldsymbol{v}\in\mathbb{C}^R$ 使得

$$\boldsymbol{v}^H\boldsymbol{\Lambda}\boldsymbol{v}=\operatorname{tr}\boldsymbol{\Lambda}=\operatorname{tr}(\boldsymbol{A}\boldsymbol{X}),\quad \boldsymbol{v}^H\boldsymbol{Q}\boldsymbol{v}=\operatorname{tr}\boldsymbol{Q}=\operatorname{tr}(\boldsymbol{B}\boldsymbol{X}), \tag{5.28}$$

且

$$\boldsymbol{I}-\frac{1}{R}\boldsymbol{v}\boldsymbol{v}^H\succeq\boldsymbol{0}. \tag{5.29}$$

令 $\boldsymbol{x}_1=\dfrac{1}{\sqrt{R}}\boldsymbol{Y}\boldsymbol{U}\boldsymbol{v}$. 易验证该向量 $\boldsymbol{x}_1$ 满足式(5.27).

类似定理 5.1.1最后一段证明，可得一组向量 $\boldsymbol{x}_1$，$\cdots$，$\boldsymbol{x}_R$，使得 $\boldsymbol{X}=\boldsymbol{x}_1\boldsymbol{x}_1^H+\cdots+\boldsymbol{x}_R\boldsymbol{x}_R^H$，$\boldsymbol{x}_r^H\boldsymbol{A}\boldsymbol{x}_r=\dfrac{1}{R}\operatorname{tr}(\boldsymbol{A}\boldsymbol{X})$ 及 $\boldsymbol{x}_r^H\boldsymbol{B}\boldsymbol{x}_r=\dfrac{1}{R}\operatorname{tr}(\boldsymbol{B}\boldsymbol{X})$，$r=1$，2，$\cdots$，$R$. □

## 5.2 实变量 $S$ 引理

假设实变量二次函数 $f(\boldsymbol{x})=\boldsymbol{x}^T\boldsymbol{A}\boldsymbol{x}+2\boldsymbol{a}^T\boldsymbol{x}+a$ 和 $g(\boldsymbol{x})=\boldsymbol{x}^T\boldsymbol{B}\boldsymbol{x}+2\boldsymbol{b}^T\boldsymbol{x}+b$. 不失一般性，假设 $\boldsymbol{A}$ 和 $\boldsymbol{B}$ 均为 $N\times N$ 实对称矩阵. 则实变量 $S$ 引理的一般形式可描述如下.

**定理 5.2.1** *假设存在 $\bar{\boldsymbol{x}}$ 使得 $g(\bar{\boldsymbol{x}})>0$. 则 $f(\boldsymbol{x})\geqslant 0$，$\forall\boldsymbol{x}:g(\boldsymbol{x})\geqslant 0$，当且仅当存在 $t\geqslant 0$ 使得以下线性矩阵不等式成立*

$$\begin{bmatrix}\boldsymbol{A} & \boldsymbol{a}\\ \boldsymbol{a}^T & a\end{bmatrix}-t\begin{bmatrix}\boldsymbol{B} & \boldsymbol{b}\\ \boldsymbol{b}^T & b\end{bmatrix}\succeq\boldsymbol{0}. \tag{5.30}$$

为证明以上 $S$ 引理，先引入一些记号和概念. 设有一非空子集 $D\subseteq\mathbb{R}^N$，$D$ 的凸锥包，即包含 $D$ 中元素的所有非负线性组合（例如，非负线性组合 $\alpha_1\boldsymbol{d}_1+\alpha_2\boldsymbol{d}_2$. 其中，$\alpha_1$ 和 $\alpha_2$ 是非负实数，$\boldsymbol{d}_1$ 和 $\boldsymbol{d}_2$ 均属 $D$），记为 $\operatorname{cone}(D)$. 类似地，$\operatorname{conv}(D)$ 代表 $D$ 的凸包，即包括 $D$ 中元素的所有凸组合. 设 $K\subseteq\mathbb{R}^N$ 是一个锥，$K^*$ 是它的对偶锥. 对于一个由实对称矩阵组成的锥 $\mathcal{K}\subseteq\mathcal{S}^N$（其

中，$\mathcal{S}^N$ 代表所有 $N \times N$ 实对称矩阵的全体），它的对偶锥则是 $\mathcal{K}^* = \{\boldsymbol{Y} \in \mathcal{S}^N \mid \operatorname{tr}(\boldsymbol{X}\boldsymbol{Y}) \geqslant 0,\ \forall \boldsymbol{X} \in \mathcal{K}\}$.

假设定义在 $D$ 上的共正对称矩阵集合记为

$$\mathcal{C}_+(D) = \{\boldsymbol{Z} \in \mathcal{S}^N \mid \boldsymbol{x}^T\boldsymbol{Z}\boldsymbol{x} \geqslant 0,\ \forall \boldsymbol{x} \in D\}, \tag{5.31}$$

显然 $\mathcal{C}_+(D)$ 是个闭凸锥，且

$$\mathcal{C}_+(D) = \mathcal{C}_+(D \cup (-D)). \tag{5.32}$$

**引理 5.2.1**　以下等式成立

$$\mathcal{C}_+(D) = (\operatorname{cone}\{\boldsymbol{y}\boldsymbol{y}^T \mid \boldsymbol{y} \in D\})^*. \tag{5.33}$$

**证明:** 假设 $\boldsymbol{X} \in \mathcal{C}_+(D)$,根据定义,对所有 $\boldsymbol{y} \in D$ 有 $\boldsymbol{y}^T\boldsymbol{X}\boldsymbol{y} = \operatorname{tr}(\boldsymbol{X}\boldsymbol{y}\boldsymbol{y}^T) \geqslant 0$. 因此，对于集合 $\{\boldsymbol{y}\boldsymbol{y}^T \mid \boldsymbol{y} \in D\}$ 中元素的任意一个非负线性组合 $\boldsymbol{Z}$，有 $\operatorname{tr}(\boldsymbol{X}\boldsymbol{Z}) \geqslant 0$,即 $\boldsymbol{X} \in (\operatorname{cone}\{\boldsymbol{y}\boldsymbol{y}^T \mid \boldsymbol{y} \in D\})^*$. 另外,对于 $\boldsymbol{X} \in (\operatorname{cone}\{\boldsymbol{y}\boldsymbol{y}^T \mid \boldsymbol{y} \in D\})^*$，易见 $\operatorname{tr}(\boldsymbol{X}\boldsymbol{y}\boldsymbol{y}^T) \geqslant 0$，$\forall \boldsymbol{y} \in D$. 所以 $\boldsymbol{X} \in \mathcal{C}_+(D)$. □

定义以下二次函数锥

$$\mathcal{F}_+(D) = \left\{ \begin{bmatrix} \boldsymbol{Z} & \boldsymbol{z} \\ \boldsymbol{z}^T & z \end{bmatrix} \in \mathcal{S}^{N+1} \mid \boldsymbol{x}^T\boldsymbol{Z}\boldsymbol{x} + 2\boldsymbol{z}^T\boldsymbol{x} + z \geqslant 0,\ \forall \boldsymbol{x} \in D \right\}. \tag{5.34}$$

对于非空集合 $D$，它的齐次化闭锥定义如下:

$$\mathbb{H}(D) = \operatorname{cl}\left\{ \begin{bmatrix} \boldsymbol{x} \\ t \end{bmatrix} \in \mathbb{R}^N \times \mathbb{R}_{++} \mid \boldsymbol{x}/t \in D \right\}. \tag{5.35}$$

其中，cl 代表闭包. 显然，

$$\mathbb{H}(\mathbb{R}^N) = \mathbb{R}^N \times \mathbb{R}_+, \tag{5.36}$$

以及

$$\mathbb{H}(\mathbb{R}^N) \cup (-\mathbb{H}(\mathbb{R}^N)) = \mathbb{R}^{N+1}. \tag{5.37}$$

**引理 5.2.2** 以下等式成立

$$\mathcal{F}_+(D) = \mathcal{C}_+(\mathbb{H}(D)) = \mathcal{C}_+(\mathbb{H}(D) \cup (-\mathbb{H}(D))). \tag{5.38}$$

**证明**：由式(5.32)可知，式(5.38)中的第二个等式成立，故只需证明其中的第一个等式.

对于 $\boldsymbol{x} \in D$，有 $[\boldsymbol{x}^T,\ 1]^T \in \mathbb{H}(D)$. 因此，根据定义得 $\mathcal{C}_+(\mathbb{H}(D)) \subseteq \mathcal{F}_+(D)$. 现只需证明反包含关系.

假设 $[\boldsymbol{x}^T,\ t]^T \in \mathbb{H}(D)$. 那么，存在序列 $\{\boldsymbol{x}_k\}$ 和 $\{t_k\}$，且 $t_k > 0$，使得 $\boldsymbol{x}_k/t_k \in D$，$\boldsymbol{x} = \lim\limits_{k\to\infty} \boldsymbol{x}_k$，以及 $t = \lim\limits_{k\to\infty} t_k$. 对任意

$$\begin{bmatrix} \boldsymbol{Z} & \boldsymbol{z} \\ \boldsymbol{z}^T & z \end{bmatrix} \in \mathcal{F}_+(D), \tag{5.39}$$

有

$$(\boldsymbol{x}_k/t_k)^T \boldsymbol{Z} (\boldsymbol{x}_k/t_k) + 2\boldsymbol{z}^T(\boldsymbol{x}_k/t_k) + z \geqslant 0, \tag{5.40}$$

即

$$\boldsymbol{x}_k^T \boldsymbol{Z} \boldsymbol{x}_k + 2t_k \boldsymbol{z}^T \boldsymbol{x}_k + z t_k^2 \geqslant 0. \tag{5.41}$$

上式中取极限可得

$$\boldsymbol{x}^T \boldsymbol{Z} \boldsymbol{x} + 2t \boldsymbol{z}^T \boldsymbol{x} + z t^2 \geqslant 0, \tag{5.42}$$

因此，可以断定

$$\begin{bmatrix} \boldsymbol{Z} & \boldsymbol{z} \\ \boldsymbol{z}^T & z \end{bmatrix} \in \mathcal{C}_+(\mathbb{H}(D)). \tag{5.43}$$

这表明 $\mathcal{F}_+(D) \subseteq \mathcal{C}_+(\mathbb{H}(D))$. □

在上述引理中，令 $D = \mathbb{R}^N$，则有

$$\mathcal{F}_+(\mathbb{R}^N) = \mathcal{C}_+(\mathbb{H}(\mathbb{R}^N) \cup (-\mathbb{H}(\mathbb{R}^N))) = \mathcal{C}_+(\mathbb{R}^{N+1}) = \mathcal{S}_+^{N+1}. \tag{5.44}$$

其中，第二个等式是由于式(5.37). 式(5.44)同时意味着

$$\begin{bmatrix} \boldsymbol{Z} & \boldsymbol{z} \\ \boldsymbol{z}^T & z \end{bmatrix} \succeq \boldsymbol{0} \Longleftrightarrow \boldsymbol{x}^T \boldsymbol{Z} \boldsymbol{x} + 2\boldsymbol{z}^T \boldsymbol{x} + z \geqslant 0,\quad \forall \boldsymbol{x} \in \mathbb{R}^N. \tag{5.45}$$

由引理 5.2.1和引理 5.2.2可知,

$$\mathcal{F}_+(D)=\mathcal{C}_+(\mathbb{H}(D))=(\operatorname{cone}\{\boldsymbol{y}\boldsymbol{y}^T \mid \boldsymbol{y}\in\mathbb{H}(D)\})^*. \tag{5.46}$$

因为 $\mathbb{H}(D)$ 是一个锥,所以不难验证 $\operatorname{cone}\{\boldsymbol{y}\boldsymbol{y}^T \mid \boldsymbol{y}\in\mathbb{H}(D)\}=\operatorname{conv}\{\boldsymbol{y}\boldsymbol{y}^T \mid \boldsymbol{y}\in\mathbb{H}(D)\}$. 由式(5.46)进一步有

$$\mathcal{F}_+(D)=(\operatorname{conv}\{\boldsymbol{y}\boldsymbol{y}^T \mid \boldsymbol{y}\in\mathbb{H}(D)\})^*. \tag{5.47}$$

现假设集合 $D$ 由一个二次函数定义的,

$$D=\{\boldsymbol{x}\mid g(\boldsymbol{x})\geqslant 0\}=\{\boldsymbol{x}\mid \boldsymbol{x}^T\boldsymbol{B}\boldsymbol{x}+2\boldsymbol{b}^T\boldsymbol{x}+b\geqslant 0\}. \tag{5.48}$$

显然，有 $g(\boldsymbol{x})\geqslant 0$，$\forall\boldsymbol{x}\in D$，亦即

$$\begin{bmatrix}\boldsymbol{B} & \boldsymbol{b}\\ \boldsymbol{b}^T & b\end{bmatrix}\in\mathcal{F}_+(D). \tag{5.49}$$

**引理 5.2.3**　设集合 $D$ 由式(5.48)定义，且非空，则以下等式成立

$$\mathbb{H}(D)\cup(-\mathbb{H}(D))=\left\{\begin{bmatrix}\boldsymbol{x}\\ t\end{bmatrix}\mid \boldsymbol{x}^T\boldsymbol{B}\boldsymbol{x}+2t\boldsymbol{b}^T\boldsymbol{x}+bt^2\geqslant 0\right\}. \tag{5.50}$$

**证明:** 由式(5.49)和引理 5.2.2可得

$$\begin{bmatrix}\boldsymbol{B} & \boldsymbol{b}\\ \boldsymbol{b}^T & b\end{bmatrix}\in\mathcal{F}_+(D)=\mathcal{C}_+(\mathbb{H}(D)\cup(-\mathbb{H}(D))). \tag{5.51}$$

于是,

$$\begin{bmatrix}\boldsymbol{x}\\ t\end{bmatrix}\in\mathbb{H}(D)\cup(-\mathbb{H}(D))\Longrightarrow \boldsymbol{x}^T\boldsymbol{B}\boldsymbol{x}+2t\boldsymbol{b}^T\boldsymbol{x}+bt^2\geqslant 0. \tag{5.52}$$

现在只需证明结论式(5.52)反方向推导成立. 假设 $[\boldsymbol{x}^T,\ t]^T$ 满足

$$\boldsymbol{x}^T\boldsymbol{B}\boldsymbol{x}+2t\boldsymbol{b}^T\boldsymbol{x}+bt^2\geqslant 0. \tag{5.53}$$

如果 $t>0$，那么有 $\boldsymbol{x}/t\in D$，即 $[\boldsymbol{x}^T,\ t]^T\in\mathbb{H}(D)$；如果 $t<0$，则有 $-\boldsymbol{x}/(-t)\in D$，即 $-[\boldsymbol{x}^T,\ t]^T\in\mathbb{H}(D)$. 换言之，$[\boldsymbol{x}^T,\ t]^T\in-\mathbb{H}(D)$.

当 $t=0$ 时，由式(5.53)可知，$\boldsymbol{x}^T\boldsymbol{B}\boldsymbol{x}+2t\boldsymbol{b}^T\boldsymbol{x}+bt^2=\boldsymbol{x}^T\boldsymbol{B}\boldsymbol{x}=(-\boldsymbol{x})^T\boldsymbol{B}(-\boldsymbol{x})\geqslant 0$. 因为 $D$ 非空，所以存在 $\bar{\boldsymbol{x}}$ 使得 $g(\bar{\boldsymbol{x}})\geqslant 0$，设 $\epsilon\neq 0$，那么可以验证

$$\epsilon^2 g((\boldsymbol{x}+\epsilon\bar{\boldsymbol{x}})/\epsilon)=\epsilon^2 g(\bar{\boldsymbol{x}})+2\epsilon(\boldsymbol{B}\bar{\boldsymbol{x}}+\boldsymbol{b})^T\boldsymbol{x}+\boldsymbol{x}^T\boldsymbol{B}\boldsymbol{x}. \tag{5.54}$$

于是，当 $(\boldsymbol{B}\bar{\boldsymbol{x}}+\boldsymbol{b})^T\boldsymbol{x}\geqslant 0$ 时，对于 $\epsilon>0$，有 $g((\boldsymbol{x}+\epsilon\bar{\boldsymbol{x}})/\epsilon)\geqslant 0$，即 $(\boldsymbol{x}+\epsilon\bar{\boldsymbol{x}})/\epsilon\in D$，或者 $[(\boldsymbol{x}+\epsilon\bar{\boldsymbol{x}})^T,\ \epsilon]^T\in\mathbb{H}(D)$. 令 $\epsilon\downarrow 0$，则有 $[\boldsymbol{x}^T,\ 0]^T\in\mathbb{H}(D)$.

当 $(\boldsymbol{B}\bar{\boldsymbol{x}}+\boldsymbol{b})^T\boldsymbol{x}<0$ 时，对于 $\epsilon<0$，有 $g((\boldsymbol{x}+\epsilon\bar{\boldsymbol{x}})/\epsilon)\geqslant 0$，即 $(\boldsymbol{x}+\epsilon\bar{\boldsymbol{x}})/\epsilon=-(\boldsymbol{x}+\epsilon\bar{\boldsymbol{x}})/(-\epsilon)\in D$. 令 $\epsilon\uparrow 0$，则有 $[-\boldsymbol{x}^T,\ 0]^T\in\mathbb{H}(D)$，亦即 $[\boldsymbol{x}^T,\ 0]^T\in-\mathbb{H}(D)$. □

对于凸锥 $K_1$ 和 $K_2$，有

$$K_1^*\cap K_2^*=(K_1+K_2)^*. \tag{5.55}$$

其中，$K_1+K_2=\{x+y\mid x\in K_1,\ y\in K_2\}$. 假设 $K$ 是一个凸锥，那么

$$(K^*)^*=\mathrm{cl}\,(K). \tag{5.56}$$

式(5.55)和式(5.56)均可见文献 [24]. 因此，

$$(K_1^*\cap K_2^*)^*=\mathrm{cl}\,(K_1+K_2). \tag{5.57}$$

**引理 5.2.4** 假设 $D$ 由式(5.48)定义. 则有

$$\mathrm{conv}\,\{\boldsymbol{y}\boldsymbol{y}^T\mid \boldsymbol{y}\in\mathbb{H}(D)\}=\left\{\boldsymbol{X}\succeq\boldsymbol{0}\mid \mathrm{tr}\left(\begin{bmatrix}\boldsymbol{B} & \boldsymbol{b}\\ \boldsymbol{b}^T & b\end{bmatrix}\boldsymbol{X}\right)\geqslant 0\right\}, \tag{5.58}$$

以及

$$\mathcal{F}_+(D)=\left\{\boldsymbol{X}\succeq\boldsymbol{0}\mid \mathrm{tr}\left(\begin{bmatrix}\boldsymbol{B} & \boldsymbol{b}\\ \boldsymbol{b}^T & b\end{bmatrix}\boldsymbol{X}\right)\geqslant 0\right\}^* \tag{5.59}$$

$$=\mathrm{cl}\left\{\boldsymbol{Z}\mid \boldsymbol{Z}-t\begin{bmatrix}\boldsymbol{B} & \boldsymbol{b}\\ \boldsymbol{b}^T & b\end{bmatrix}\succeq\boldsymbol{0},\ t\geqslant 0\right\}. \tag{5.60}$$

**证明**：可验证

$$\left\{\boldsymbol{X}\succeq\boldsymbol{0}\mid \operatorname{tr}\left(\begin{bmatrix}\boldsymbol{B} & \boldsymbol{b}\\ \boldsymbol{b}^T & b\end{bmatrix}\boldsymbol{X}\right)\geqslant 0\right\}=\operatorname{cone}\left\{\boldsymbol{y}\boldsymbol{y}^T\mid \boldsymbol{y}^T\begin{bmatrix}\boldsymbol{B} & \boldsymbol{b}\\ \boldsymbol{b}^T & b\end{bmatrix}\boldsymbol{y}\geqslant 0\right\} \tag{5.61}$$

$$=\operatorname{conv}\left\{\boldsymbol{y}\boldsymbol{y}^T\mid \boldsymbol{y}^T\begin{bmatrix}\boldsymbol{B} & \boldsymbol{b}\\ \boldsymbol{b}^T & b\end{bmatrix}\boldsymbol{y}\geqslant 0\right\} \tag{5.62}$$

$$=\operatorname{conv}\left\{\boldsymbol{y}\boldsymbol{y}^T\mid \boldsymbol{y}\in\mathbb{H}(D)\cup(-\mathbb{H}(D))\right\} \tag{5.63}$$

$$=\operatorname{conv}\left\{\boldsymbol{y}\boldsymbol{y}^T\mid \boldsymbol{y}\in\mathbb{H}(D)\right\}. \tag{5.64}$$

这里第一个等式是由于矩阵秩一分解定理 5.1.1，第三个等式是因为引理 5.2.3. 因此，证得式(5.58).

由式(5.47)和式(5.58)得

$$\mathcal{F}_+(D)=\left(\operatorname{conv}\left\{\boldsymbol{y}\boldsymbol{y}^T\mid \boldsymbol{y}\in\mathbb{H}(D)\right\}\right)^* \tag{5.65}$$

$$=\left\{\boldsymbol{X}\succeq\boldsymbol{0}\mid \operatorname{tr}\left(\begin{bmatrix}\boldsymbol{B} & \boldsymbol{b}\\ \boldsymbol{b}^T & b\end{bmatrix}\boldsymbol{X}\right)\geqslant 0\right\}^*. \tag{5.66}$$

注意到以下对偶锥表达式

$$\left\{t\begin{bmatrix}\boldsymbol{B} & \boldsymbol{b}\\ \boldsymbol{b}^T & b\end{bmatrix}\mid t\geqslant 0\right\}^*=\left\{\boldsymbol{X}\in\mathcal{S}^{N+1}\mid \operatorname{tr}\left(\begin{bmatrix}\boldsymbol{B} & \boldsymbol{b}\\ \boldsymbol{b}^T & b\end{bmatrix}\boldsymbol{X}\right)\geqslant 0\right\}. \tag{5.67}$$

由式(5.57)、式(5.66)、式(5.67)和半正定锥是自对偶的性质，可知

$$\mathcal{F}_+(D)=\operatorname{cl}\left(\mathcal{S}_+^{N+1}+\left\{t\begin{bmatrix}\boldsymbol{B} & \boldsymbol{b}\\ \boldsymbol{b}^T & b\end{bmatrix}\mid t\geqslant 0\right\}\right) \tag{5.68}$$

$$=\operatorname{cl}\left\{\boldsymbol{Z}\mid \boldsymbol{Z}-t\begin{bmatrix}\boldsymbol{B} & \boldsymbol{b}\\ \boldsymbol{b}^T & b\end{bmatrix}\succeq\boldsymbol{0},\ t\geqslant 0\right\}. \tag{5.69}$$

□

**引理 5.2.5** 假设 $D$ 由式(5.48)定义，且存在 $\bar{\boldsymbol{x}}$ 使得 $g(\bar{\boldsymbol{x}})>0$. 则以下等式成立

$$\mathcal{F}_+(D)=\left\{\boldsymbol{Z}\mid\boldsymbol{Z}-t\begin{bmatrix}\boldsymbol{B}&\boldsymbol{b}\\\boldsymbol{b}^T&b\end{bmatrix}\succeq\mathbf{0},\ t\geqslant0\right\}.\tag{5.70}$$

**证明：** 由式(5.69)，只需证明等式(5.70)的右边是闭集. 设 $\boldsymbol{y}=[\bar{\boldsymbol{x}}^T,\ 1]^T$ 及

$$\boldsymbol{Z}\in\operatorname{cl}\left\{\boldsymbol{Z}\mid\boldsymbol{Z}-t\begin{bmatrix}\boldsymbol{B}&\boldsymbol{b}\\\boldsymbol{b}^T&b\end{bmatrix}\succeq\mathbf{0},\ t\geqslant0\right\}.\tag{5.71}$$

因此，存在序列 $\{\boldsymbol{Z}_k\}\subseteq\mathcal{S}^{N+1}$ 和 $\{t_k\}\subseteq\mathbb{R}_+$，使得 $\boldsymbol{Z}_k\to\boldsymbol{Z}$ 和

$$\boldsymbol{Z}_k-t_k\begin{bmatrix}\boldsymbol{B}&\boldsymbol{b}\\\boldsymbol{b}^T&b\end{bmatrix}\succeq\mathbf{0}.\tag{5.72}$$

那么，

$$\boldsymbol{y}^T\left(\boldsymbol{Z}_k-t_k\begin{bmatrix}\boldsymbol{B}&\boldsymbol{b}\\\boldsymbol{b}^T&b\end{bmatrix}\right)\boldsymbol{y}=\boldsymbol{y}^T\boldsymbol{Z}_k\boldsymbol{y}-t_kg(\bar{\boldsymbol{x}})\geqslant0.\tag{5.73}$$

所以，$0\leqslant t_k\leqslant\boldsymbol{y}^T\boldsymbol{Z}_k\boldsymbol{y}/g(\bar{\boldsymbol{x}})$. 这表明 $\{t_k\}$ 是有界的，因此，它存在极限点 $t$，使得

$$\boldsymbol{Z}-t\begin{bmatrix}\boldsymbol{B}&\boldsymbol{b}\\\boldsymbol{b}^T&b\end{bmatrix}\succeq\mathbf{0}.\tag{5.74}$$

于是，

$$\left\{\boldsymbol{Z}\mid\boldsymbol{Z}-t\begin{bmatrix}\boldsymbol{B}&\boldsymbol{b}\\\boldsymbol{b}^T&b\end{bmatrix}\succeq\mathbf{0},\ t\geqslant0\right\}\tag{5.75}$$

是闭集. □

基于引理 5.2.5，可以证明 $S$ 引理，即定理 5.2.1. 事实上，$f(\boldsymbol{x})\geqslant0$，$\forall\boldsymbol{x}\in D=\{\boldsymbol{x}\mid g(\boldsymbol{x})\geqslant0\}$，意味着

$$\begin{bmatrix}\boldsymbol{A}&\boldsymbol{a}\\\boldsymbol{a}^T&a\end{bmatrix}\in\mathcal{F}_+(D).\tag{5.76}$$

再由式(5.70)，可知存在 $t \geqslant 0$ 使得

$$\begin{bmatrix} \boldsymbol{A} & \boldsymbol{a} \\ \boldsymbol{a}^T & a \end{bmatrix} - t \begin{bmatrix} \boldsymbol{B} & \boldsymbol{b} \\ \boldsymbol{b}^T & b \end{bmatrix} \succeq \boldsymbol{0}. \tag{5.77}$$

这证明了 $S$ 引理.

虽然 $S$ 引理可以用其他方法证明（见文献 [2]），但是上述证明过程包含更多有用的结果，如式 (5.47) 等. 齐次的 $S$ 引理（即当 $\boldsymbol{a} = \boldsymbol{b} = \boldsymbol{0}$ 和 $a = b = 0$）可以描述如下.

**定理 5.2.2**　*假设存在* $\bar{\boldsymbol{x}}$ *使得* $\bar{\boldsymbol{x}}^T \boldsymbol{B} \bar{\boldsymbol{x}} > 0$, *则* $\boldsymbol{x}^T \boldsymbol{A} \boldsymbol{x} \geqslant 0, \forall \boldsymbol{x} : \boldsymbol{x}^T \boldsymbol{B} \boldsymbol{x} \geqslant 0$, *当且仅当存在* $t \geqslant 0$ *使得以下矩阵不等式成立*

$$\boldsymbol{A} - t\boldsymbol{B} \succeq \boldsymbol{0}. \tag{5.78}$$

前述不等式约束的 $S$ 引理可以推广至等式约束的 $S$ 引理. 非齐次等式约束的 $S$ 引理引述如下（见文献 [25]）.

**定理 5.2.3**　*假设存在* $\bar{\boldsymbol{x}}$ *和* $\hat{\boldsymbol{x}}$ *分别使得* $g(\bar{\boldsymbol{x}}) > 0$ *和* $g(\hat{\boldsymbol{x}}) < 0$. *则* $f(\boldsymbol{x}) \geqslant 0$, $\forall \boldsymbol{x} : g(\boldsymbol{x}) = 0$, *当且仅当存在* $t \in \mathbb{R}$ *使得以下矩阵不等式成立*

$$\begin{bmatrix} \boldsymbol{A} & \boldsymbol{a} \\ \boldsymbol{a}^T & a \end{bmatrix} + t \begin{bmatrix} \boldsymbol{B} & \boldsymbol{b} \\ \boldsymbol{b}^T & b \end{bmatrix} \succeq \boldsymbol{0}. \tag{5.79}$$

根据式(5.45)，矩阵不等式(5.79)进一步等同于

$$f(\boldsymbol{x}) + tg(\boldsymbol{x}) \geqslant 0, \quad \forall \boldsymbol{x} \in \mathbb{R}^N. \tag{5.80}$$

特别地，齐次等式约束的 $S$ 引理可描述如下.

**定理 5.2.4**　*假设存在* $\bar{\boldsymbol{x}}$ *和* $\hat{\boldsymbol{x}}$ *分别使得* $\bar{\boldsymbol{x}}^T \boldsymbol{B} \bar{\boldsymbol{x}} > 0$ *和* $\hat{\boldsymbol{x}}^T \boldsymbol{B} \hat{\boldsymbol{x}} < 0$. *则* $\boldsymbol{x}^T \boldsymbol{A} \boldsymbol{x} \geqslant 0$, $\forall \boldsymbol{x} : \boldsymbol{x}^T \boldsymbol{B} \boldsymbol{x} = 0$, *当且仅当存在* $t \in \mathbb{R}$ *使得以下矩阵不等式成立*

$$\boldsymbol{A} + t\boldsymbol{B} \succeq \boldsymbol{0}. \tag{5.81}$$

定理 5.2.4的内点条件等同于 $\boldsymbol{B}$ 是不定矩阵（即特征值有正有负）.

## 5.3 鲁棒二次矩阵不等式及其凸表示

本节将 $S$ 引理推广至它的矩阵形式，即讨论鲁棒二次矩阵不等式及其凸表示.

### 5.3.1 鲁棒二次矩阵不等式

考虑以下鲁棒二次矩阵不等式

$$\boldsymbol{X}^T\boldsymbol{A}\boldsymbol{X}+\boldsymbol{B}^T\boldsymbol{X}+\boldsymbol{X}^T\boldsymbol{B}+\boldsymbol{C}\succeq\boldsymbol{0},\ \forall\boldsymbol{X}:\ \boldsymbol{I}\succeq\boldsymbol{X}^T\boldsymbol{D}\boldsymbol{X}. \tag{5.82}$$

下面证明矩阵 $\boldsymbol{A}$，$\boldsymbol{B}$，$\boldsymbol{C}$，$\boldsymbol{D}$ 使得式(5.82)成立，当且仅当它们满足某一线性矩阵不等式.

**定理 5.3.1** 假设矩阵 $\boldsymbol{A}$，$\boldsymbol{B}$，$\boldsymbol{C}$，$\boldsymbol{D}$ 满足鲁棒二次矩阵不等式(5.82). 则式(5.82)等价于存在 $t\geqslant 0$ 使得

$$\begin{bmatrix}\boldsymbol{A} & \boldsymbol{B}\\ \boldsymbol{B}^T & \boldsymbol{C}\end{bmatrix}-t\begin{bmatrix}-\boldsymbol{D} & \boldsymbol{0}\\ \boldsymbol{0} & \boldsymbol{I}\end{bmatrix}\succeq\boldsymbol{0}. \tag{5.83}$$

**证明：** 首先证明鲁棒二次矩阵不等式(5.82)等价于以下鲁棒二次函数不等式：

$$\boldsymbol{x}^T\boldsymbol{A}\boldsymbol{x}+2\boldsymbol{x}^T\boldsymbol{B}\boldsymbol{y}+\boldsymbol{y}^T\boldsymbol{C}\boldsymbol{y}\geqslant 0,\ \forall\boldsymbol{x},\ \boldsymbol{y}:\ \boldsymbol{y}^T\boldsymbol{y}-\boldsymbol{x}^T\boldsymbol{D}\boldsymbol{x}\geqslant 0. \tag{5.84}$$

先证明式(5.84)⇒式(5.82). 假设 $\boldsymbol{X}$ 满足 $\boldsymbol{I}\succeq\boldsymbol{X}^T\boldsymbol{D}\boldsymbol{X}$. 对于任意向量 $\boldsymbol{y}$，令 $\boldsymbol{x}=\boldsymbol{X}\boldsymbol{y}$. 于是，

$$\boldsymbol{y}^T\boldsymbol{y}-\boldsymbol{x}^T\boldsymbol{D}\boldsymbol{x}\geqslant 0. \tag{5.85}$$

根据式(5.84)，有

$$\boldsymbol{x}^T\boldsymbol{A}\boldsymbol{x}+2\boldsymbol{x}^T\boldsymbol{B}\boldsymbol{y}+\boldsymbol{y}^T\boldsymbol{C}\boldsymbol{y}\geqslant 0. \tag{5.86}$$

它可进一步写为

$$\boldsymbol{y}^T(\boldsymbol{X}^T\boldsymbol{A}\boldsymbol{X}+\boldsymbol{B}^T\boldsymbol{X}+\boldsymbol{X}^T\boldsymbol{B}+\boldsymbol{C})\boldsymbol{y}\geqslant 0. \tag{5.87}$$

因此，

$$\boldsymbol{X}^T\boldsymbol{A}\boldsymbol{X}+\boldsymbol{B}^T\boldsymbol{X}+\boldsymbol{X}^T\boldsymbol{B}+\boldsymbol{C}\succeq\boldsymbol{0}. \tag{5.88}$$

再证明式(5.82)⇒式(5.84). 设 $\boldsymbol{x}$ 与 $\boldsymbol{y}$ 满足

$$\boldsymbol{y}^T\boldsymbol{y}-\boldsymbol{x}^T\boldsymbol{D}\boldsymbol{x}\geqslant 0. \tag{5.89}$$

假设 $\boldsymbol{y}=\boldsymbol{0}$. 对任意 $\boldsymbol{z}\neq\boldsymbol{0}$，令 $\boldsymbol{X}(\boldsymbol{z})=\boldsymbol{x}\boldsymbol{z}^T/\boldsymbol{z}^T\boldsymbol{z}$. 由式(5.89)可知，

$$\boldsymbol{X}(\boldsymbol{z})^T\boldsymbol{D}\boldsymbol{X}(\boldsymbol{z})=\frac{\boldsymbol{x}^T\boldsymbol{D}\boldsymbol{x}}{(\boldsymbol{z}^T\boldsymbol{z})^2}\boldsymbol{z}\boldsymbol{z}^T\preceq\boldsymbol{0}\preceq\boldsymbol{I},\quad\forall\boldsymbol{z}\neq\boldsymbol{0}. \tag{5.90}$$

由式(5.82)可知，易验证

$$0\leqslant\boldsymbol{z}^T(\boldsymbol{X}(\boldsymbol{z})^T\boldsymbol{A}\boldsymbol{X}(\boldsymbol{z})+\boldsymbol{B}^T\boldsymbol{X}(\boldsymbol{z})+\boldsymbol{X}(\boldsymbol{z})^T\boldsymbol{B}+\boldsymbol{C})\boldsymbol{z} \tag{5.91}$$

$$=\boldsymbol{x}^T\boldsymbol{A}\boldsymbol{x}+2\boldsymbol{x}^T\boldsymbol{B}\boldsymbol{z}+\boldsymbol{z}^T\boldsymbol{C}\boldsymbol{z}. \tag{5.92}$$

令 $\boldsymbol{z}\to\boldsymbol{0}$，则有 $\boldsymbol{x}^T\boldsymbol{A}\boldsymbol{x}\geqslant 0$，即式(5.84)成立.

现假设 $\boldsymbol{y}\neq\boldsymbol{0}$. 令 $\boldsymbol{X}=\boldsymbol{x}\boldsymbol{y}^T/\boldsymbol{y}^T\boldsymbol{y}$. 根据式(5.89)，可得

$$\boldsymbol{X}^T\boldsymbol{D}\boldsymbol{X}=\frac{\boldsymbol{x}^T\boldsymbol{D}\boldsymbol{x}}{(\boldsymbol{y}^T\boldsymbol{y})^2}\boldsymbol{y}\boldsymbol{y}^T\preceq\frac{\boldsymbol{y}\boldsymbol{y}^T}{\boldsymbol{y}^T\boldsymbol{y}}\preceq\boldsymbol{I}. \tag{5.93}$$

由式(5.82)可知，

$$\boldsymbol{X}^T\boldsymbol{A}\boldsymbol{X}+\boldsymbol{B}^T\boldsymbol{X}+\boldsymbol{X}^T\boldsymbol{B}+\boldsymbol{C}\succeq\boldsymbol{0}. \tag{5.94}$$

因此可得

$$\boldsymbol{y}^T(\boldsymbol{X}^T\boldsymbol{A}\boldsymbol{X}+\boldsymbol{B}^T\boldsymbol{X}+\boldsymbol{X}^T\boldsymbol{B}+\boldsymbol{C})\boldsymbol{y}\geqslant 0, \tag{5.95}$$

即

$$\boldsymbol{x}^T\boldsymbol{A}\boldsymbol{x}+2\boldsymbol{x}^T\boldsymbol{B}\boldsymbol{y}+\boldsymbol{y}^T\boldsymbol{C}\boldsymbol{y}\geqslant 0. \tag{5.96}$$

因此，式(5.84)和式(5.82)互相等价. 利用 $S$ 引理（定理 5.2.1），易知式(5.84)等价于存在 $t\geqslant 0$ 使得式(5.83)成立. 注意，任取 $\boldsymbol{y}\neq\boldsymbol{0}$，$\boldsymbol{x}=\boldsymbol{0}$，可验证定理 5.2.1的内点条件是满足的. □

假设 $\boldsymbol{D}\succeq\boldsymbol{0}$. 当式(5.82)中的不确定集合 $\{\boldsymbol{X}\mid\boldsymbol{I}\succeq\boldsymbol{X}^T\boldsymbol{D}\boldsymbol{X}\}$ 换成 $\{\boldsymbol{X}\mid 1\geqslant\operatorname{tr}(\boldsymbol{X}^T\boldsymbol{D}\boldsymbol{X})\}$ 时，式(5.82)仍然等价于式(5.84)或式(5.83)，即以下定理成立.

**定理 5.3.2** 假设矩阵 $\boldsymbol{A}$, $\boldsymbol{B}$, $\boldsymbol{C}$, $\boldsymbol{D}$ 满足以下鲁棒二次矩阵不等式

$$\boldsymbol{X}^T\boldsymbol{A}\boldsymbol{X}+\boldsymbol{B}^T\boldsymbol{X}+\boldsymbol{X}^T\boldsymbol{B}+\boldsymbol{C}\succeq\boldsymbol{0},\ \forall\boldsymbol{X}:\ \operatorname{tr}(\boldsymbol{X}^T\boldsymbol{D}\boldsymbol{X})\leqslant 1. \tag{5.97}$$

当 $\boldsymbol{D}\succeq\boldsymbol{0}$ 时，式(5.97)等价于式(5.82).

**证明：** 首先证明式(5.97)⇒ 式(5.82). 由定理 5.3.1可知，只需证明式(5.97) ⇒ 式(5.84).

假设 $\boldsymbol{x}$ 和 $\boldsymbol{y}$ 满足 $\boldsymbol{y}^T\boldsymbol{y}-\boldsymbol{x}^T\boldsymbol{D}\boldsymbol{x}\geqslant 0$ 及 $\boldsymbol{y}\neq\boldsymbol{0}$. 令 $\boldsymbol{X}=\boldsymbol{x}\boldsymbol{y}^T/\boldsymbol{y}^T\boldsymbol{y}$. 于是，$\operatorname{tr}(\boldsymbol{X}^T\boldsymbol{D}\boldsymbol{X})=\boldsymbol{x}^T\boldsymbol{D}\boldsymbol{x}/\boldsymbol{y}^T\boldsymbol{y}\leqslant 1$. 由式(5.97)可得 $\boldsymbol{X}^T\boldsymbol{A}\boldsymbol{X}+\boldsymbol{B}^T\boldsymbol{X}+\boldsymbol{X}^T\boldsymbol{B}+\boldsymbol{C}\succeq\boldsymbol{0}$. 在不等号左边项左乘 $\boldsymbol{y}^T$ 和右乘 $\boldsymbol{y}$ 后，得到 $\boldsymbol{x}^T\boldsymbol{A}\boldsymbol{x}+2\boldsymbol{x}^T\boldsymbol{B}\boldsymbol{y}+\boldsymbol{y}^T\boldsymbol{C}\boldsymbol{y}\geqslant 0$. 因此，式(5.84)成立.

若 $\boldsymbol{y}=\boldsymbol{0}$，那么 $\boldsymbol{x}^T\boldsymbol{D}\boldsymbol{x}=0$. 对任意 $\boldsymbol{z}\neq\boldsymbol{0}$，令 $\boldsymbol{X}(\boldsymbol{z})=\boldsymbol{x}\boldsymbol{z}^T/\boldsymbol{z}^T\boldsymbol{z}$. 易知，$\operatorname{tr}(\boldsymbol{X}(\boldsymbol{z})^T\boldsymbol{D}\boldsymbol{X}(\boldsymbol{z}))=\boldsymbol{x}^T\boldsymbol{D}\boldsymbol{x}/\boldsymbol{z}^T\boldsymbol{z}=0\leqslant 1$. 由式(5.97)得 $\boldsymbol{X}(\boldsymbol{z})^T\boldsymbol{A}\boldsymbol{X}(\boldsymbol{z})+\boldsymbol{B}^T\boldsymbol{X}(\boldsymbol{z})+\boldsymbol{X}(\boldsymbol{z})^T\boldsymbol{B}+\boldsymbol{C}\succeq\boldsymbol{0}$. 类似式(5.91)和式(5.92)，立即可知 $\boldsymbol{x}^T\boldsymbol{A}\boldsymbol{x}\geqslant 0$，即式(5.84)成立.

式(5.82)⇒ 式(5.97)是容易证明的. 事实上，对于 $\boldsymbol{X}$ 满足 $\operatorname{tr}(\boldsymbol{X}^T\boldsymbol{D}\boldsymbol{X})\leqslant 1$，有结论 $\boldsymbol{I}\succeq\boldsymbol{X}^T\boldsymbol{D}\boldsymbol{X}$（由于 $\boldsymbol{D}\succeq\boldsymbol{0}$）. 根据式(5.82)，则有 $\boldsymbol{X}^T\boldsymbol{A}\boldsymbol{X}+\boldsymbol{B}^T\boldsymbol{X}+\boldsymbol{X}^T\boldsymbol{B}+\boldsymbol{C}\succeq\boldsymbol{0}$. 因此，式(5.97)成立. □

因此，根据定理 5.3.1和定理 5.3.2，可得出以下结论.

**定理 5.3.3** 假设 $\boldsymbol{D}\succeq\boldsymbol{0}$，且矩阵 $\boldsymbol{A}$, $\boldsymbol{B}$, $\boldsymbol{C}$, $\boldsymbol{D}$ 满足以下鲁棒二次矩阵不等式

$$\boldsymbol{X}^T\boldsymbol{A}\boldsymbol{X}+\boldsymbol{B}^T\boldsymbol{X}+\boldsymbol{X}^T\boldsymbol{B}+\boldsymbol{C}\succeq\boldsymbol{0},\ \forall\boldsymbol{X}:\ \operatorname{tr}(\boldsymbol{X}^T\boldsymbol{D}\boldsymbol{X})\leqslant 1. \tag{5.98}$$

那么，式(5.98)等价于存在 $t\geqslant 0$ 使得

$$\begin{bmatrix}\boldsymbol{A} & \boldsymbol{B}\\ \boldsymbol{B}^T & \boldsymbol{C}\end{bmatrix}-t\begin{bmatrix}-\boldsymbol{D} & \boldsymbol{0}\\ \boldsymbol{0} & \boldsymbol{I}\end{bmatrix}\succeq\boldsymbol{0}. \tag{5.99}$$

### 5.3.2 一般形式的鲁棒二次矩阵不等式

现在讨论以下一般形式的鲁棒二次矩阵不等式

$$\begin{bmatrix}\boldsymbol{H}_1 & \boldsymbol{H}_2+\boldsymbol{H}_3\boldsymbol{X}\\ (\boldsymbol{H}_2+\boldsymbol{H}_3\boldsymbol{X})^T & \boldsymbol{H}_4+\boldsymbol{H}_5\boldsymbol{X}+(\boldsymbol{H}_5\boldsymbol{X})^T+\boldsymbol{X}^T\boldsymbol{H}_6\boldsymbol{X}\end{bmatrix}\succeq\boldsymbol{0},$$
$$\forall\boldsymbol{X}:\ \boldsymbol{I}\succeq\boldsymbol{X}^T\boldsymbol{D}\boldsymbol{X}, \tag{5.100}$$

及其线性矩阵不等式的等价形式. 显然当 $\boldsymbol{H}_1$，$\boldsymbol{H}_2$，$\boldsymbol{H}_3$ 均为零矩阵时，鲁棒二次矩阵不等式(5.100)退化为式(5.82).

**定理 5.3.4**　假设矩阵 $\boldsymbol{H}_i(i=1,\ 2,\ \cdots,\ 6)$ 与 $\boldsymbol{D}$ 满足鲁棒二次矩阵不等式(5.100). 则式(5.100)等价于存在 $t\geqslant 0$ 使得以下线性矩阵不等式成立

$$\begin{bmatrix} \boldsymbol{H}_1 & \boldsymbol{H}_2 & \boldsymbol{H}_3 \\ \boldsymbol{H}_2^T & \boldsymbol{H}_4 & \boldsymbol{H}_5 \\ \boldsymbol{H}_3^T & \boldsymbol{H}_5^T & \boldsymbol{H}_6 \end{bmatrix} - t\begin{bmatrix} \mathbf{0} & \mathbf{0} & \mathbf{0} \\ \mathbf{0} & \boldsymbol{I} & \mathbf{0} \\ \mathbf{0} & \mathbf{0} & -\boldsymbol{D} \end{bmatrix} \succeq \mathbf{0}. \tag{5.101}$$

**证明**：首先证明式(5.100)等同于以下鲁棒二次函数不等式

$$\boldsymbol{z}^T\boldsymbol{H}_1\boldsymbol{z}+2\boldsymbol{z}^T\boldsymbol{H}_2\boldsymbol{y}+2\boldsymbol{z}^T\boldsymbol{H}_3\boldsymbol{x}+\boldsymbol{y}^T\boldsymbol{H}_4\boldsymbol{y}+2\boldsymbol{y}^T\boldsymbol{H}_5\boldsymbol{x}+\boldsymbol{x}^T\boldsymbol{H}_6\boldsymbol{x}\geqslant 0,$$
$$\forall \boldsymbol{x},\ \boldsymbol{y},\ \boldsymbol{z}: \boldsymbol{y}^T\boldsymbol{y}-\boldsymbol{x}^T\boldsymbol{D}\boldsymbol{x}\geqslant 0. \tag{5.102}$$

亦即

$$\begin{bmatrix} \boldsymbol{z} \\ \boldsymbol{y} \\ \boldsymbol{x} \end{bmatrix}^T \begin{bmatrix} \boldsymbol{H}_1 & \boldsymbol{H}_2 & \boldsymbol{H}_3 \\ \boldsymbol{H}_2^T & \boldsymbol{H}_4 & \boldsymbol{H}_5 \\ \boldsymbol{H}_3^T & \boldsymbol{H}_5^T & \boldsymbol{H}_6 \end{bmatrix} \begin{bmatrix} \boldsymbol{z} \\ \boldsymbol{y} \\ \boldsymbol{x} \end{bmatrix} \geqslant 0,$$
$$\forall \begin{bmatrix} \boldsymbol{z} \\ \boldsymbol{y} \\ \boldsymbol{x} \end{bmatrix}^T \begin{bmatrix} \mathbf{0} & \mathbf{0} & \mathbf{0} \\ \mathbf{0} & \boldsymbol{I} & \mathbf{0} \\ \mathbf{0} & \mathbf{0} & -\boldsymbol{D} \end{bmatrix} \begin{bmatrix} \boldsymbol{z} \\ \boldsymbol{y} \\ \boldsymbol{x} \end{bmatrix} \geqslant 0. \tag{5.103}$$

如果式(5.102)，即式(5.103)成立，那么根据 $S$ 引理（定理 5.2.1），可知它等价于式(5.101). 下面只需证明式(5.102)与式 (5.100) 相互等价.

先证明式(5.102)⇒式(5.100). 假设给定 $\boldsymbol{X}$ 满足 $\boldsymbol{I}-\boldsymbol{X}^T\boldsymbol{D}\boldsymbol{X}\succeq\mathbf{0}$，以及 $\boldsymbol{z}$ 和 $\boldsymbol{y}$ 是任意给定向量. 令 $\boldsymbol{x}=\boldsymbol{X}\boldsymbol{y}$. 那么有 $\boldsymbol{y}^T\boldsymbol{y}-\boldsymbol{x}^T\boldsymbol{D}\boldsymbol{x}\geqslant 0$. 根据式(5.102)，有

$$0\leqslant \boldsymbol{z}^T\boldsymbol{H}_1\boldsymbol{z}+2\boldsymbol{z}^T\boldsymbol{H}_2\boldsymbol{y}+2\boldsymbol{z}^T\boldsymbol{H}_3\boldsymbol{x}+\boldsymbol{y}^T\boldsymbol{H}_4\boldsymbol{y}+2\boldsymbol{y}^T\boldsymbol{H}_5\boldsymbol{x}+\boldsymbol{x}^T\boldsymbol{H}_6\boldsymbol{x} \tag{5.104}$$

$$
\begin{aligned}
&= \begin{bmatrix} \boldsymbol{z} \\ \boldsymbol{y} \end{bmatrix}^T \\
&\times \begin{bmatrix} \boldsymbol{H}_1 & \boldsymbol{H}_2+\boldsymbol{H}_3\boldsymbol{X} \\ (\boldsymbol{H}_2+\boldsymbol{H}_3\boldsymbol{X})^T & \boldsymbol{H}_4+\boldsymbol{H}_5\boldsymbol{X}+(\boldsymbol{H}_5\boldsymbol{X})^T+\boldsymbol{X}^T\boldsymbol{H}_6\boldsymbol{X} \end{bmatrix} \begin{bmatrix} \boldsymbol{z} \\ \boldsymbol{y} \end{bmatrix}.
\end{aligned} \tag{5.105}
$$

因此式(5.100)成立.

现证明式(5.100)⇒ 式(5.102). 给定 $\forall \boldsymbol{x}$, $\boldsymbol{y}$, $\boldsymbol{z}$ 满足

$$
\boldsymbol{y}^T\boldsymbol{y}-\boldsymbol{x}^T\boldsymbol{D}\boldsymbol{x} \geqslant 0. \tag{5.106}
$$

如果 $\boldsymbol{y}=\boldsymbol{0}$，则对任一非零向量 $\boldsymbol{u}$，令 $\boldsymbol{X}=\boldsymbol{x}\boldsymbol{u}^T/\boldsymbol{u}^T\boldsymbol{u}$. 因此,

$$
\boldsymbol{X}^T\boldsymbol{D}\boldsymbol{X}=\frac{\boldsymbol{x}^T\boldsymbol{D}\boldsymbol{x}}{(\boldsymbol{u}^T\boldsymbol{u})^2}\boldsymbol{u}\boldsymbol{u}^T \preceq \boldsymbol{0} \prec \boldsymbol{I}. \tag{5.107}
$$

根据式(5.100)，可得

$$
\begin{aligned}
&\begin{bmatrix} \boldsymbol{z} \\ \boldsymbol{u} \end{bmatrix}^T \begin{bmatrix} \boldsymbol{H}_1 & \boldsymbol{H}_2+\boldsymbol{H}_3\boldsymbol{X} \\ (\boldsymbol{H}_2+\boldsymbol{H}_3\boldsymbol{X})^T & \boldsymbol{H}_4+\boldsymbol{H}_5\boldsymbol{X}+(\boldsymbol{H}_5\boldsymbol{X})^T+\boldsymbol{X}^T\boldsymbol{H}_6\boldsymbol{X} \end{bmatrix} \begin{bmatrix} \boldsymbol{z} \\ \boldsymbol{u} \end{bmatrix} \\
&= \begin{bmatrix} \boldsymbol{z} \\ \boldsymbol{x} \end{bmatrix}^T \begin{bmatrix} \boldsymbol{H}_1 & \boldsymbol{H}_3 \\ \boldsymbol{H}_3^T & \boldsymbol{H}_6 \end{bmatrix} \begin{bmatrix} \boldsymbol{z} \\ \boldsymbol{x} \end{bmatrix} + o(\|\boldsymbol{u}\|) \geqslant 0.
\end{aligned} \tag{5.108}
$$

即 $\boldsymbol{z}^T\boldsymbol{H}_1\boldsymbol{z}+2\boldsymbol{z}^T\boldsymbol{H}_3\boldsymbol{x}+\boldsymbol{x}^T\boldsymbol{H}_6\boldsymbol{x} \geqslant 0$. 故有式(5.102).

如果 $\boldsymbol{y} \neq \boldsymbol{0}$，那么令 $\boldsymbol{X}=\boldsymbol{x}\boldsymbol{y}^T/\boldsymbol{y}^T\boldsymbol{y}$. 注意到式(5.106)，则有 $\boldsymbol{X}^T\boldsymbol{D}\boldsymbol{X} \preceq \boldsymbol{I}$. 由式(5.100)可得

$$
\begin{bmatrix} \boldsymbol{H}_1 & \boldsymbol{H}_2+\boldsymbol{H}_3\boldsymbol{X} \\ (\boldsymbol{H}_2+\boldsymbol{H}_3\boldsymbol{X})^T & \boldsymbol{H}_4+\boldsymbol{H}_5\boldsymbol{X}+(\boldsymbol{H}_5\boldsymbol{X})^T+\boldsymbol{X}^T\boldsymbol{H}_6\boldsymbol{X} \end{bmatrix} \succeq \boldsymbol{0}. \tag{5.109}
$$

因此，有

$$
\begin{bmatrix} \boldsymbol{z} \\ \boldsymbol{y} \end{bmatrix}^T \begin{bmatrix} \boldsymbol{H}_1 & \boldsymbol{H}_2+\boldsymbol{H}_3\boldsymbol{X} \\ (\boldsymbol{H}_2+\boldsymbol{H}_3\boldsymbol{X})^T & \boldsymbol{H}_4+\boldsymbol{H}_5\boldsymbol{X}+(\boldsymbol{H}_5\boldsymbol{X})^T+\boldsymbol{X}^T\boldsymbol{H}_6\boldsymbol{X} \end{bmatrix} \begin{bmatrix} \boldsymbol{z} \\ \boldsymbol{y} \end{bmatrix}
$$

$$
\begin{aligned}
&= \boldsymbol{z}^T \boldsymbol{H}_1 \boldsymbol{z} + 2\boldsymbol{z}^T \boldsymbol{H}_2 \boldsymbol{y} + 2\boldsymbol{z}^T \boldsymbol{H}_3 \boldsymbol{x} \\
&\quad + \boldsymbol{y}^T \boldsymbol{H}_4 \boldsymbol{y} + 2\boldsymbol{y}^T \boldsymbol{H}_5 \boldsymbol{x} + \boldsymbol{x}^T \boldsymbol{H}_6 \boldsymbol{x} \geqslant 0.
\end{aligned} \tag{5.110}
$$

亦即式(5.102)成立. □

考虑另一个鲁棒二次矩阵不等式

$$
\begin{bmatrix} \boldsymbol{H}_1 & \boldsymbol{H}_2 + \boldsymbol{H}_3 \boldsymbol{X} \\ (\boldsymbol{H}_2 + \boldsymbol{H}_3 \boldsymbol{X})^T & \boldsymbol{H}_4 + \boldsymbol{H}_5 \boldsymbol{X} + (\boldsymbol{H}_5 \boldsymbol{X})^T + \boldsymbol{X}^T \boldsymbol{H}_6 \boldsymbol{X} \end{bmatrix} \succeq \boldsymbol{0},
$$

$$
\forall \boldsymbol{X}: \ \operatorname{tr}(\boldsymbol{X}^T \boldsymbol{D} \boldsymbol{X}) \leqslant 1. \tag{5.111}
$$

类似定理 5.3.2，可以证明当 $\boldsymbol{D} \succeq \boldsymbol{0}$ 时，式(5.111)与式(5.101)相互等价. 具体总结如下.

**定理 5.3.5** 假设矩阵 $\boldsymbol{H}_i(i = 1, 2, \cdots, 6)$ 与 $\boldsymbol{D}$ 满足鲁棒二次矩阵不等式(5.111). 如果 $\boldsymbol{D} \succeq \boldsymbol{0}$，则式(5.111)等价于存在 $t \geqslant 0$ 使得以下线性矩阵不等式成立

$$
\begin{bmatrix} \boldsymbol{H}_1 & \boldsymbol{H}_2 & \boldsymbol{H}_3 \\ \boldsymbol{H}_2^T & \boldsymbol{H}_4 & \boldsymbol{H}_5 \\ \boldsymbol{H}_3^T & \boldsymbol{H}_5^T & \boldsymbol{H}_6 \end{bmatrix} - t \begin{bmatrix} \boldsymbol{0} & \boldsymbol{0} & \boldsymbol{0} \\ \boldsymbol{0} & \boldsymbol{I} & \boldsymbol{0} \\ \boldsymbol{0} & \boldsymbol{0} & -\boldsymbol{D} \end{bmatrix} \succeq \boldsymbol{0}. \tag{5.112}
$$

最后，利用等式约束的 $S$ 引理（定理 5.2.3），证明如下鲁棒二次矩阵不等式的等价凸表示.

**定理 5.3.6** 假设矩阵 $\boldsymbol{H}_i(i = 1, 2, \cdots, 6)$ 满足以下鲁棒二次矩阵不等式

$$
\begin{bmatrix} \boldsymbol{H}_1 & \boldsymbol{H}_2 + \boldsymbol{H}_3 \boldsymbol{X} \\ (\boldsymbol{H}_2 + \boldsymbol{H}_3 \boldsymbol{X})^T & \boldsymbol{H}_4 + \boldsymbol{H}_5 \boldsymbol{X} + (\boldsymbol{H}_5 \boldsymbol{X})^T + \boldsymbol{X}^T \boldsymbol{H}_6 \boldsymbol{X} \end{bmatrix} \succeq \boldsymbol{0},
$$

$$
\forall \boldsymbol{X}: \ \boldsymbol{I} = \boldsymbol{X}^T \boldsymbol{X}. \tag{5.113}
$$

则式(5.113)成立当且仅当存在 $t \in \mathbb{R}$ 使得以下线性矩阵不等式成立

$$
\begin{bmatrix} \boldsymbol{H}_1 & \boldsymbol{H}_2 & \boldsymbol{H}_3 \\ \boldsymbol{H}_2^T & \boldsymbol{H}_4 & \boldsymbol{H}_5 \\ \boldsymbol{H}_3^T & \boldsymbol{H}_5^T & \boldsymbol{H}_6 \end{bmatrix} - t \begin{bmatrix} \boldsymbol{0} & \boldsymbol{0} & \boldsymbol{0} \\ \boldsymbol{0} & \boldsymbol{I} & \boldsymbol{0} \\ \boldsymbol{0} & \boldsymbol{0} & -\boldsymbol{I} \end{bmatrix} \succeq \boldsymbol{0}. \tag{5.114}
$$

**证明**：正如定理 5.3.4的证明，易验证式(5.113)等价于

$$\boldsymbol{z}^T\boldsymbol{H}_1\boldsymbol{z}+2\boldsymbol{z}^T\boldsymbol{H}_2\boldsymbol{y}+2\boldsymbol{z}^T\boldsymbol{H}_3\boldsymbol{x}+\boldsymbol{y}^T\boldsymbol{H}_4\boldsymbol{y}+2\boldsymbol{y}^T\boldsymbol{H}_5\boldsymbol{x}+\boldsymbol{x}^T\boldsymbol{H}_6\boldsymbol{x}\geqslant 0$$

$$\forall\boldsymbol{x},\ \boldsymbol{y},\ \boldsymbol{z}:\boldsymbol{y}^T\boldsymbol{y}-\boldsymbol{x}^T\boldsymbol{x}=0. \tag{5.115}$$

利用等式约束的 $S$ 引理（定理 5.2.3）立即可得式(5.114). □

定理 5.3.6表明鲁棒二次矩阵不等式的不确定集合由正交矩阵组成时，它仍然可以被单一的线性矩阵不等式刻画.

## 5.4　复变量 $S$ 引理及其矩阵形式

### 5.4.1　复变量 $S$ 引理

复变量 $S$ 引理可以处理带有两个二次函数的约束集合. 假设复变量二次函数 $f_i(\boldsymbol{x})=\boldsymbol{x}^H\boldsymbol{A}_i\boldsymbol{x}+2\Re(\boldsymbol{b}_i^H\boldsymbol{x})+c_i\in\mathbb{R}$，$i=0，1，2$. 其中，$\boldsymbol{A}_i\in\mathcal{H}^N$ 是共轭对称矩阵，$\boldsymbol{b}_i\in\mathbb{C}^N$ 及 $c_i\in\mathbb{R}$. 对应此二次函数，定义共轭对称矩阵

$$\boldsymbol{F}_i=\begin{bmatrix}\boldsymbol{A}_i & \boldsymbol{b}_i\\ \boldsymbol{b}_i^H & c_i\end{bmatrix}\in\mathcal{H}^{N+1},\quad i=0，1，2. \tag{5.116}$$

首先处理约束集合由一个不等式和一个等式二次函数组成的非齐次 $S$ 引理.

**定理 5.4.1**　假设 $\boldsymbol{F}_2$ 是不定矩阵，且存在 $\boldsymbol{x}_0$ 使得 $f_1(\boldsymbol{x}_0)<0$ 和 $f_2(\boldsymbol{x}_0)=0$. 则 $f_0(\boldsymbol{x})\geqslant 0$，$\forall\boldsymbol{x}$： $f_1(\boldsymbol{x})\leqslant 0$，$f_2(\boldsymbol{x})=0$，当且仅当存在 $t_1\geqslant 0$ 及 $t_2\in\mathbb{R}$ 使得

$$\boldsymbol{F}_0+t_1\boldsymbol{F}_1+t_2\boldsymbol{F}_2\succeq\boldsymbol{0}. \tag{5.117}$$

先证明上述 $S$ 引理的齐次版本，然后再证明非齐次 $S$ 引理. 齐次 $S$ 引理描述如下.

**定理 5.4.2**　假设 $\boldsymbol{F}_2$ 是不定矩阵，且存在 $\boldsymbol{y}_0$ 使得 $\boldsymbol{y}_0^H\boldsymbol{F}_1\boldsymbol{y}_0<0$ 和 $\boldsymbol{y}_0\boldsymbol{F}_2\boldsymbol{y}_0=0$. 则 $\boldsymbol{y}^H\boldsymbol{F}_0\boldsymbol{y}\geqslant 0$，$\forall\boldsymbol{y}$： $\boldsymbol{y}^H\boldsymbol{F}_1\boldsymbol{y}\leqslant 0$，$\boldsymbol{y}^H\boldsymbol{F}_2\boldsymbol{y}=0$，当且仅当存在 $t_1\geqslant 0$ 及 $t_2\in\mathbb{R}$ 使得

$$\boldsymbol{F}_0+t_1\boldsymbol{F}_1+t_2\boldsymbol{F}_2\succeq\boldsymbol{0}. \tag{5.118}$$

**证明:** 假设存在 $t_1 \geqslant 0$ 及 $t_2 \in \mathbb{R}$ 使得式(5.118)成立. 设 $\boldsymbol{y}$ 满足 $\boldsymbol{y}^T\boldsymbol{F}_1\boldsymbol{y} \leqslant 0$ 和 $\boldsymbol{y}^T\boldsymbol{F}_2\boldsymbol{y} = 0$. 因此，$\boldsymbol{y}^T(\boldsymbol{F}_0 + t_1\boldsymbol{F}_1 + t_2\boldsymbol{F}_2)\boldsymbol{y} \geqslant 0$，换言之，

$$\boldsymbol{y}^T\boldsymbol{F}_0\boldsymbol{y} \geqslant -t_1\boldsymbol{y}^T\boldsymbol{F}_1\boldsymbol{y} - t_2\boldsymbol{y}^T\boldsymbol{F}_2\boldsymbol{y} \geqslant 0. \tag{5.119}$$

现证明反方向推导. 构造以下半正定规划问题

$$\begin{aligned}\min_{\boldsymbol{X}} \quad & \mathrm{tr}\,(\boldsymbol{F}_0\boldsymbol{X}) \\ \text{s.t.} \quad & \mathrm{tr}\,(\boldsymbol{F}_1\boldsymbol{X}) \leqslant 0 \\ & \mathrm{tr}\,(\boldsymbol{F}_2\boldsymbol{X}) = 0 \\ & \mathrm{tr}\,(\boldsymbol{X}) = 1 \\ & \boldsymbol{X} \succeq \boldsymbol{0}.\end{aligned} \tag{5.120}$$

它的对偶问题为

$$\begin{aligned}\max_{\{t_i\}} \quad & t_3 \\ \text{s.t.} \quad & \boldsymbol{F}_0 + t_1\boldsymbol{F}_1 + t_2\boldsymbol{F}_2 - t_3\boldsymbol{I} \succeq \boldsymbol{0} \\ & t_1 \geqslant 0，\ t_2，\ t_3 \in \mathbb{R}.\end{aligned} \tag{5.121}$$

假设以上原始与对偶半正定规划问题是严格可行的. 根据线性锥规划的强对偶定理（见文献 [9]，定理 2.4.1），两个半正定规划问题是可解的，且最优值相等. 亦即，$\boldsymbol{X}^\star$ 和 $(t_1^\star，t_2^\star，t_3^\star)$ 分别是问题(5.120)和问题(5.121)的最优解，且最优值相等

$$p^\star = \mathrm{tr}\,(\boldsymbol{F}_0\boldsymbol{X}^\star) = t_3^\star. \tag{5.122}$$

同时，最优解满足互补条件（见强对偶定理）

$$\mathrm{tr}\,((\boldsymbol{F}_0 + t_1^\star\boldsymbol{F}_1 + t_2^\star\boldsymbol{F}_2 - t_3^\star\boldsymbol{I})\boldsymbol{X}^\star) = 0，\quad t_1^\star\mathrm{tr}\,(\boldsymbol{F}_1\boldsymbol{X}^\star) = 0. \tag{5.123}$$

假设 $\boldsymbol{X}^\star$ 的秩为 $R$. 根据共轭对称矩阵的特别秩一分解定理 5.1.2，存在秩一分解 $\boldsymbol{X}^\star = \sum\limits_{r=1}^{R} \boldsymbol{y}_r\boldsymbol{y}_r^H$ 使得

$$\mathrm{tr}\,(\boldsymbol{F}_1\boldsymbol{y}_r\boldsymbol{y}_r^H) = \frac{\mathrm{tr}\,(\boldsymbol{F}_1\boldsymbol{X}^\star)}{R} \leqslant 0, \tag{5.124}$$

$$\mathrm{tr}\,(\boldsymbol{F}_2\boldsymbol{y}_r\boldsymbol{y}_r^H) = \frac{\mathrm{tr}\,(\boldsymbol{F}_2\boldsymbol{X}^\star)}{R} = 0, \tag{5.125}$$

$r=1，2，\cdots，R$. 易见，

$$\mathrm{tr}\left(\boldsymbol{F}_1\frac{\boldsymbol{y}_r\boldsymbol{y}_r^H}{\|\boldsymbol{y}_r\|^2}\right)\leqslant 0，\ \mathrm{tr}\left(\boldsymbol{F}_2\frac{\boldsymbol{y}_r\boldsymbol{y}_r^H}{\|\boldsymbol{y}_r\|^2}\right)=0，\ \mathrm{tr}\left(\frac{\boldsymbol{y}_r\boldsymbol{y}_r^H}{\|\boldsymbol{y}_r\|^2}\right)=1， \tag{5.126}$$

$r=1，2，\cdots，R$，即 $\boldsymbol{y}_r\boldsymbol{y}_r^H/\|\boldsymbol{y}_r\|^2$ 是 (5.120) 的可行解. 由互补条件式 (5.123) 可知，

$$\mathrm{tr}\left((\boldsymbol{F}_0+t_1^\star\boldsymbol{F}_1+t_2^\star\boldsymbol{F}_2-t_3^\star\boldsymbol{I})\frac{\boldsymbol{y}_r\boldsymbol{y}_r^H}{\|\boldsymbol{y}_r\|^2}\right)=0， \tag{5.127}$$

$$t_1^\star\mathrm{tr}\left(\boldsymbol{F}_1\frac{\boldsymbol{y}_r\boldsymbol{y}_r^H}{\|\boldsymbol{y}_r\|^2}\right)=0， \tag{5.128}$$

$r=1，2，\cdots，R$. 所以 $\boldsymbol{y}_r\boldsymbol{y}_r^H/\|\boldsymbol{y}_r\|^2$ 是式(5.120)的最优解，从而

$$p^\star=\mathrm{tr}\left(\boldsymbol{F}_0\frac{\boldsymbol{y}_r\boldsymbol{y}_r^H}{\|\boldsymbol{y}_r\|^2}\right)=t_3^\star，\ r=1，2，\cdots，R. \tag{5.129}$$

由于 $\boldsymbol{y}^H\boldsymbol{F}_0\boldsymbol{y}\geqslant 0$，$\forall\boldsymbol{y}$：$\boldsymbol{y}^H\boldsymbol{F}_1\boldsymbol{y}\leqslant 0$，$\boldsymbol{y}^H\boldsymbol{F}_2\boldsymbol{y}=0$，以及式 (5.124) 与式(5.125)，故 $\mathrm{tr}\,(\boldsymbol{F}_0\boldsymbol{y}_r\boldsymbol{y}_r^H)\geqslant 0$. 由式(5.129) 可知，

$$t_3^\star\geqslant 0. \tag{5.130}$$

因为 $(t_1^\star，t_2^\star，t_3^\star)$ 是对偶问题(5.121)的最优解，所以

$$\boldsymbol{F}_0+t_1^\star\boldsymbol{F}_1+t_2^\star\boldsymbol{F}_2\succeq t_3^\star\boldsymbol{I}\succeq\boldsymbol{0}. \tag{5.131}$$

即式(5.118)成立.

剩下只需证明原始半正定规划问题(5.120)及其对偶问题 (5.121)有严格可行解. 易验证，当 $t_1>0$，$t_2=0$ 和 $t_3<0$ 充分小时，可以使 $\boldsymbol{F}_0+t_1\boldsymbol{F}_1+t_2\boldsymbol{F}_2-t_3\boldsymbol{I}\succ\boldsymbol{0}$. 因此对偶问题是严格可行的. 由于 $\boldsymbol{F}_2$ 是不定矩阵，所以存在 $\boldsymbol{X}_0\succ\boldsymbol{0}$ 使得 $\mathrm{tr}\,(\boldsymbol{F}_2\boldsymbol{X}_0)=0$. 另外，由内点条件的假设，即存在 $\boldsymbol{y}_0$ 使得 $\boldsymbol{y}_0^H\boldsymbol{F}_1\boldsymbol{y}_0<0$ 和 $\boldsymbol{y}_0^H\boldsymbol{F}_2\boldsymbol{y}_0=0$，可以构造以下矩阵

$$\boldsymbol{X}(\epsilon)=(1-\epsilon)\frac{1}{\|\boldsymbol{y}_0\|^2}\boldsymbol{y}_0\boldsymbol{y}_0^H+\frac{\epsilon}{\mathrm{tr}\,\boldsymbol{X}_0}\boldsymbol{X}_0. \tag{5.132}$$

其中，$\epsilon \in (0,\ 1)$. 易见，$\boldsymbol{X}(\epsilon) \succ \boldsymbol{0}$，$\operatorname{tr}(\boldsymbol{F}_2\boldsymbol{X}(\epsilon)) = 0$，$\operatorname{tr}(\boldsymbol{X}(\epsilon)) = 1$. 同时，当取充分小的 $\epsilon > 0$，则有 $\operatorname{tr}(\boldsymbol{F}_1\boldsymbol{X}(\epsilon)) < 0$. 因此，原始问题 (5.120) 是严格可行的. □

下面证明非齐次 $S$ 引理，即定理 5.4.1.

**证明：** 定义集合

$$\mathcal{A} = \{\boldsymbol{F}_0 \mid \boldsymbol{y}^H\boldsymbol{F}_0\boldsymbol{y} \geqslant 0,\ \forall \boldsymbol{y}:\ \boldsymbol{y}^H\boldsymbol{F}_1\boldsymbol{y} \leqslant 0,\ \ \boldsymbol{y}^H\boldsymbol{F}_2\boldsymbol{y} = 0\} \tag{5.133}$$

和

$$\mathcal{A}_1 = \{\boldsymbol{F}_0 \mid f_0(\boldsymbol{x}) \geqslant 0,\ \forall \boldsymbol{x}:\ f_1(\boldsymbol{x}) \leqslant 0,\ \ f_2(\boldsymbol{x}) = 0\}. \tag{5.134}$$

假设 $\mathcal{A}=\mathcal{A}_1$，由内点条件可知，存在 $\boldsymbol{x}_0$ 使得 $f_1(\boldsymbol{x}_0)<0$ 及 $f_2(\boldsymbol{x}_0)=0$. 令

$$\boldsymbol{y}_0 = \begin{bmatrix} \boldsymbol{x}_0 \\ 1 \end{bmatrix}. \tag{5.135}$$

那么，$\boldsymbol{y}_0^H\boldsymbol{F}_1\boldsymbol{y}_0 = f_1(\boldsymbol{x}_0) < 0$ 和 $\boldsymbol{y}_0^H\boldsymbol{F}_2\boldsymbol{y}_0 = f_2(\boldsymbol{x}_0) = 0$. 根据齐次 $S$ 引理（定理 5.4.2）与假设 $\mathcal{A} = \mathcal{A}_1$，可知

$$\begin{aligned} &\text{存在} t_1 \geqslant 0,\ \ t_2 \in \mathbb{R},\ \ \text{使得} \boldsymbol{F}_0 + t_1\boldsymbol{F}_1 + t_2\boldsymbol{F}_2 \succeq \boldsymbol{0} \\ &\iff \boldsymbol{y}^H\boldsymbol{F}_0\boldsymbol{y} \geqslant 0,\ \forall \boldsymbol{y}:\ \boldsymbol{y}^H\boldsymbol{F}_1\boldsymbol{y} \leqslant 0,\ \ \boldsymbol{y}^H\boldsymbol{F}_0\boldsymbol{y} = 0 &(5.136)\\ &\iff f_0(\boldsymbol{x}) \geqslant 0,\ \forall \boldsymbol{x}:\ f_1(\boldsymbol{x}) \leqslant 0,\ \ f_2(\boldsymbol{x}) = 0. &(5.137) \end{aligned}$$

这就证明了非齐次 $S$ 引理. 现在只需证明 $\mathcal{A} = \mathcal{A}_1$.

假设 $\boldsymbol{F}_0 \in \mathcal{A}$，以及给定 $\boldsymbol{x}$ 满足 $f_1(\boldsymbol{x}) \leqslant 0$ 与 $f_2(\boldsymbol{x}) = 0$. 令

$$\boldsymbol{y} = \begin{bmatrix} \boldsymbol{x} \\ 1 \end{bmatrix}. \tag{5.138}$$

于是有

$$\boldsymbol{y}^H\boldsymbol{F}_i\boldsymbol{y} = f_i(\boldsymbol{x}),\ \ i = 0,\ 1,\ 2. \tag{5.139}$$

由 $\boldsymbol{F}_0 \in \mathcal{A}$ 与式(5.139)可知，$f_0(\boldsymbol{x}) \geqslant 0$，即 $\boldsymbol{F}_0 \in \mathcal{A}_1$.

现证明 $\boldsymbol{F}_0 \in \mathcal{A}_1 \Rightarrow \boldsymbol{F}_0 \in \mathcal{A}$. 假设 $\boldsymbol{F}_0 \in \mathcal{A}_1$. 令

$$\boldsymbol{y} = \begin{bmatrix} \boldsymbol{x} \\ s \end{bmatrix}. \tag{5.140}$$

分两种情况讨论：① $s \neq 0$; ② $s = 0$. 当 $s \neq 0$ 时，由式(5.140)可知，$\boldsymbol{y}^H \boldsymbol{F}_0 \boldsymbol{y} = |s|^2 f_0(\boldsymbol{x}/s) \geqslant 0$，$\forall \boldsymbol{y}$：$\boldsymbol{y}^H \boldsymbol{F}_1 \boldsymbol{y} = |s|^2 f_1(\boldsymbol{x}/s) \leqslant 0$，$\boldsymbol{y}^H \boldsymbol{F}_2 \boldsymbol{y} = |s|^2 f_2(\boldsymbol{x}/s) = 0$. 因此，$\boldsymbol{F}_0 \in \mathcal{A}$.

当 $s = 0$ 时，假设

$$\boldsymbol{y} = \begin{bmatrix} \boldsymbol{x} \\ 0 \end{bmatrix}. \tag{5.141}$$

满足 $\boldsymbol{y}^H \boldsymbol{F}_1 \boldsymbol{y} \leqslant 0$ 与 $\boldsymbol{y}^H \boldsymbol{F}_2 \boldsymbol{y} = 0$. 下面证明 $\boldsymbol{y}^H \boldsymbol{F}_0 \boldsymbol{y} \geqslant 0$.

因为 $\boldsymbol{F}_0 \in \mathcal{A}_1$，所以可取得 $\boldsymbol{x}_0$，使得 $f_1(\boldsymbol{x}_0) \leqslant 0$ 及 $f_2(\boldsymbol{x}_0) = 0$. 设 $\boldsymbol{y}_0$ 由式(5.135)定义，则易见 $\boldsymbol{y}_0^H \boldsymbol{F}_1 \boldsymbol{y}_0 \leqslant 0$ 和 $\boldsymbol{y}_0^H \boldsymbol{F}_2 \boldsymbol{y}_0 = 0$. 令

$$\boldsymbol{y}(\epsilon) = \boldsymbol{y} + \epsilon \boldsymbol{y}_0. \tag{5.142}$$

其中，$\epsilon = r\mathrm{e}^{\mathrm{j}\theta} \neq 0$（即 $r > 0$）.

于是，

$$\boldsymbol{y}(\epsilon)^H \boldsymbol{F}_1 \boldsymbol{y}(\epsilon) = |\epsilon|^2 \boldsymbol{y}_0^H \boldsymbol{F}_1 \boldsymbol{y}_0 + 2\Re(\epsilon \boldsymbol{y}^H \boldsymbol{F}_1 \boldsymbol{y}_0) + \boldsymbol{y}^H \boldsymbol{F}_1 \boldsymbol{y} \tag{5.143}$$

$$\leqslant 2\Re(\epsilon \boldsymbol{y}^H \boldsymbol{F}_1 \boldsymbol{y}_0), \tag{5.144}$$

以及

$$\boldsymbol{y}(\epsilon)^H \boldsymbol{F}_2 \boldsymbol{y}(\epsilon) = |\epsilon|^2 \boldsymbol{y}_0^H \boldsymbol{F}_2 \boldsymbol{y}_0 + 2\Re(\epsilon \boldsymbol{y}^H \boldsymbol{F}_2 \boldsymbol{y}_0) + \boldsymbol{y}^H \boldsymbol{F}_2 \boldsymbol{y} \tag{5.145}$$

$$= 2\Re(\epsilon \boldsymbol{y}^H \boldsymbol{F}_2 \boldsymbol{y}_0), \tag{5.146}$$

令 $\boldsymbol{y}^H \boldsymbol{F}_i \boldsymbol{y}_0 = r_i \mathrm{e}^{\mathrm{j}\theta_i}$，$i = 1$，2. 因此

$$\boldsymbol{y}(\epsilon)^H \boldsymbol{F}_1 \boldsymbol{y}(\epsilon) \leqslant 2rr_1 \Re(\mathrm{e}^{\mathrm{j}(\theta_1+\theta)}), \tag{5.147}$$

以及

$$\boldsymbol{y}(\epsilon)^H\boldsymbol{F}_2\boldsymbol{y}(\epsilon)=2rr_2\Re(\mathrm{e}^{\mathrm{j}(\theta_2+\theta)}). \tag{5.148}$$

在式(5.147)和式(5.148)中，$\theta$ 取值 $\bar{\theta}=\pi/2-\theta_1$ 或 $\bar{\theta}=-\pi/2-\theta_2$ 使得 $\Re(\mathrm{e}^{\mathrm{j}(\theta_1+\bar{\theta})})\leqslant 0$ 和 $\Re(\mathrm{e}^{\mathrm{j}(\theta_2+\bar{\theta})})=0$. 所以，

$$\boldsymbol{y}(r\mathrm{e}^{\mathrm{j}\bar{\theta}})^H\boldsymbol{F}_1\boldsymbol{y}(r\mathrm{e}^{\mathrm{j}\bar{\theta}})\leqslant 0\text{和}\boldsymbol{y}(r\mathrm{e}^{\mathrm{j}\bar{\theta}})^H\boldsymbol{F}_2\boldsymbol{y}(r\mathrm{e}^{\mathrm{j}\bar{\theta}})=0. \tag{5.149}$$

又因为 $\boldsymbol{y}(\epsilon)$ 最后一个元素是非零的，故利用 $s\neq 0$ 情况下的结论，可得

$$\boldsymbol{y}(r\mathrm{e}^{\mathrm{j}\bar{\theta}})^H\boldsymbol{F}_0\boldsymbol{y}(r\mathrm{e}^{\mathrm{j}\bar{\theta}})\geqslant 0. \tag{5.150}$$

令 $r\to 0$，则有 $\boldsymbol{y}(r\mathrm{e}^{\mathrm{j}\bar{\theta}})\to\boldsymbol{y}$，以及 $\boldsymbol{y}^H\boldsymbol{F}_0\boldsymbol{y}\geqslant 0$. □

类似地，可以证明两个二次函数不等式约束的复变量 $S$ 引理.

**定理 5.4.3** *假设存在* $\boldsymbol{x}_0$ *使得* $f_1(\boldsymbol{x}_0)<0$ *和* $f_2(\boldsymbol{x}_0)<0$. *则* $f_0(\boldsymbol{x})\geqslant 0$, $\forall\boldsymbol{x}$: $f_1(\boldsymbol{x})\leqslant 0$，$f_2(\boldsymbol{x})\leqslant 0$，*当且仅当存在* $t_1\geqslant 0$ *及* $t_2\geqslant 0$，*使得*

$$\boldsymbol{F}_0+t_1\boldsymbol{F}_1+t_2\boldsymbol{F}_2\succeq\boldsymbol{0}. \tag{5.151}$$

上述 $S$ 引理的齐次版本如下.

**定理 5.4.4** *假设存在* $\boldsymbol{x}_0$ *使得* $\boldsymbol{x}_0^H\boldsymbol{A}_1\boldsymbol{x}_0<0$ *和* $\boldsymbol{x}_0^H\boldsymbol{A}_2\boldsymbol{x}_0<0$，*则* $\boldsymbol{x}^H\boldsymbol{A}_0\boldsymbol{x}\geqslant 0$，$\forall\boldsymbol{x}$: $\boldsymbol{x}^H\boldsymbol{A}_1\boldsymbol{x}\leqslant 0$，$\boldsymbol{x}^H\boldsymbol{A}_2\boldsymbol{x}\leqslant 0$，*当且仅当存在* $t_1\geqslant 0$ *及* $t_2\geqslant 0$，*使得*

$$\boldsymbol{A}_0+t_1\boldsymbol{A}_1+t_2\boldsymbol{A}_2\succeq\boldsymbol{0}. \tag{5.152}$$

根据定理 5.4.1，可以得到单个二次函数约束的复变量 $S$ 引理.

**定理 5.4.5** *假设存在* $\boldsymbol{x}_0$ *使得* $f_1(\boldsymbol{x}_0)<0$. *则* $f_0(\boldsymbol{x})\geqslant 0,\forall\boldsymbol{x}$: $f_1(\boldsymbol{x})\leqslant 0$，*当且仅当存在* $t_1\geqslant 0$ *使得*

$$\boldsymbol{F}_0+t_1\boldsymbol{F}_1\succeq\boldsymbol{0}. \tag{5.153}$$

定理 5.4.5 在信号处理的应用中是非常常见的（如文献 [26] 及其参考文献）. 由定理 5.4.1还可以得到以下结论.

**定理 5.4.6** *假设* $\boldsymbol{F}_1$ *是不定矩阵，则* $f_0(\boldsymbol{x})\geqslant 0$，$\forall\boldsymbol{x}$: $f_1(\boldsymbol{x})=0$，*当且仅当存在* $t_1\in\mathbb{R}$ *使得*

$$\boldsymbol{F}_0+t_1\boldsymbol{F}_1\succeq\boldsymbol{0}. \tag{5.154}$$

### 5.4.2 复变量 $S$ 引理的矩阵形式

考虑以下三个式子：

$$\begin{bmatrix} \boldsymbol{H}_1 & \boldsymbol{H}_2+\boldsymbol{H}_3\boldsymbol{X} \\ (\boldsymbol{H}_2+\boldsymbol{H}_3\boldsymbol{X})^H & \boldsymbol{H}_4+\boldsymbol{H}_5\boldsymbol{X}+(\boldsymbol{H}_5\boldsymbol{X})^H+\boldsymbol{X}^H\boldsymbol{H}_6\boldsymbol{X} \end{bmatrix} \succeq \mathbf{0},$$
$$\forall \boldsymbol{X}: \ \boldsymbol{I} \succeq \boldsymbol{X}^H\boldsymbol{D}_i\boldsymbol{X}, \ i=1, 2; \quad (5.155)$$

$$\begin{bmatrix} \boldsymbol{z} \\ \boldsymbol{y} \\ \boldsymbol{x} \end{bmatrix}^H \begin{bmatrix} \boldsymbol{H}_1 & \boldsymbol{H}_2 & \boldsymbol{H}_3 \\ \boldsymbol{H}_2^H & \boldsymbol{H}_4 & \boldsymbol{H}_5 \\ \boldsymbol{H}_3^H & \boldsymbol{H}_5^H & \boldsymbol{H}_6 \end{bmatrix} \begin{bmatrix} \boldsymbol{z} \\ \boldsymbol{y} \\ \boldsymbol{x} \end{bmatrix} \geqslant 0,$$
$$\forall \boldsymbol{x}, \ \boldsymbol{y}, \ \boldsymbol{z}: \boldsymbol{y}^H\boldsymbol{y}-\boldsymbol{x}^H\boldsymbol{D}_i\boldsymbol{x} \geqslant 0, \ i=1, 2; \quad (5.156)$$

存在 $t_i \geqslant 0$，$i=1$，2，使得

$$\begin{bmatrix} \boldsymbol{H}_1 & \boldsymbol{H}_2 & \boldsymbol{H}_3 \\ \boldsymbol{H}_2^H & \boldsymbol{H}_4 & \boldsymbol{H}_5 \\ \boldsymbol{H}_3^H & \boldsymbol{H}_5^H & \boldsymbol{H}_6 \end{bmatrix} - t_1 \begin{bmatrix} \mathbf{0} & \mathbf{0} & \mathbf{0} \\ \mathbf{0} & \boldsymbol{I} & \mathbf{0} \\ \mathbf{0} & \mathbf{0} & -\boldsymbol{D}_1 \end{bmatrix} - t_2 \begin{bmatrix} \mathbf{0} & \mathbf{0} & \mathbf{0} \\ \mathbf{0} & \boldsymbol{I} & \mathbf{0} \\ \mathbf{0} & \mathbf{0} & -\boldsymbol{D}_2 \end{bmatrix} \succeq \mathbf{0}. \quad (5.157)$$

**定理 5.4.7** *式(5.155)、式(5.156)和式(5.157)互相等价.*

**证明：** 由复变量 $S$ 引理（即定理 5.4.3）可知，式(5.156)和式(5.157)互相等价 [易验证式(5.156)中的不确定集合具有严格内点].

现只需证明式(5.155)和式(5.156)互相等价.

式 (5.155) ⇒ 式 (5.156) : 任意给定 $\boldsymbol{y}$ 和 $\boldsymbol{x}$ 使得 $\boldsymbol{y}^H\boldsymbol{y}-\boldsymbol{x}^H\boldsymbol{D}_i\boldsymbol{x} \geqslant 0$，$i=1$，2. 假设 $\boldsymbol{y} \neq \mathbf{0}$. 令 $\boldsymbol{X}=\boldsymbol{x}\boldsymbol{y}^H/(\boldsymbol{y}^H\boldsymbol{y})$. 则易验证 $\boldsymbol{I}-\boldsymbol{X}^H\boldsymbol{D}_i\boldsymbol{X} \succeq \mathbf{0}$，$i=1$，2. 由式(5.155)有

$$\begin{bmatrix} \boldsymbol{H}_1 & \boldsymbol{H}_2+\boldsymbol{H}_3\boldsymbol{X} \\ (\boldsymbol{H}_2+\boldsymbol{H}_3\boldsymbol{X})^H & \boldsymbol{H}_4+\boldsymbol{H}_5\boldsymbol{X}+(\boldsymbol{H}_5\boldsymbol{X})^H+\boldsymbol{X}^H\boldsymbol{H}_6\boldsymbol{X} \end{bmatrix} \succeq \mathbf{0}. \quad (5.158)$$

于是，

$$\begin{bmatrix} \boldsymbol{z} \\ \boldsymbol{y} \end{bmatrix}^H \begin{bmatrix} \boldsymbol{H}_1 & \boldsymbol{H}_2+\boldsymbol{H}_3\boldsymbol{X} \\ (\boldsymbol{H}_2+\boldsymbol{H}_3\boldsymbol{X})^H & \boldsymbol{H}_4+\boldsymbol{H}_5\boldsymbol{X}+(\boldsymbol{H}_5\boldsymbol{X})^H+\boldsymbol{X}^H\boldsymbol{H}_6\boldsymbol{X} \end{bmatrix} \begin{bmatrix} \boldsymbol{z} \\ \boldsymbol{y} \end{bmatrix}$$

$$
= \begin{bmatrix} \boldsymbol{z} \\ \boldsymbol{y} \\ \boldsymbol{x} \end{bmatrix}^H \begin{bmatrix} \boldsymbol{H}_1 & \boldsymbol{H}_2 & \boldsymbol{H}_3 \\ \boldsymbol{H}_2^H & \boldsymbol{H}_4 & \boldsymbol{H}_5 \\ \boldsymbol{H}_3^H & \boldsymbol{H}_5^H & \boldsymbol{H}_6 \end{bmatrix} \begin{bmatrix} \boldsymbol{z} \\ \boldsymbol{y} \\ \boldsymbol{x} \end{bmatrix} \geqslant 0. \tag{5.159}
$$

在上述等式中，利用了 $\boldsymbol{x} = \boldsymbol{X}\boldsymbol{y}$.

当 $\boldsymbol{y} = \boldsymbol{0}$ 时，则有 $\boldsymbol{x}^H \boldsymbol{D}_i \boldsymbol{x} \leqslant 0$，$i = 1$，2. 对任意 $\boldsymbol{u} \neq \boldsymbol{0}$，令 $\boldsymbol{X} = \boldsymbol{x}\boldsymbol{u}^H/(\boldsymbol{u}^H\boldsymbol{u})$. 易见 $\boldsymbol{I} - \boldsymbol{X}^H \boldsymbol{D}_i \boldsymbol{X} \succeq \boldsymbol{0}$，$i = 1$，2. 所以，式(5.158)成立，从而有

$$
\begin{bmatrix} \boldsymbol{z} \\ \boldsymbol{u} \end{bmatrix}^H \begin{bmatrix} \boldsymbol{H}_1 & \boldsymbol{H}_2 + \boldsymbol{H}_3\boldsymbol{X} \\ (\boldsymbol{H}_2 + \boldsymbol{H}_3\boldsymbol{X})^H & \boldsymbol{H}_4 + \boldsymbol{H}_5\boldsymbol{X} + (\boldsymbol{H}_5\boldsymbol{X})^H + \boldsymbol{X}^H\boldsymbol{H}_6\boldsymbol{X} \end{bmatrix} \begin{bmatrix} \boldsymbol{z} \\ \boldsymbol{u} \end{bmatrix}
$$

$$
= \begin{bmatrix} \boldsymbol{z} \\ \boldsymbol{u} \\ \boldsymbol{x} \end{bmatrix}^H \begin{bmatrix} \boldsymbol{H}_1 & \boldsymbol{H}_2 & \boldsymbol{H}_3 \\ \boldsymbol{H}_2^H & \boldsymbol{H}_4 & \boldsymbol{H}_5 \\ \boldsymbol{H}_3^H & \boldsymbol{H}_5^H & \boldsymbol{H}_6 \end{bmatrix} \begin{bmatrix} \boldsymbol{z} \\ \boldsymbol{u} \\ \boldsymbol{x} \end{bmatrix} \tag{5.160}
$$

$$
= \begin{bmatrix} \boldsymbol{z} \\ \boldsymbol{0} \\ \boldsymbol{x} \end{bmatrix}^H \begin{bmatrix} \boldsymbol{H}_1 & \boldsymbol{H}_2 & \boldsymbol{H}_3 \\ \boldsymbol{H}_2^H & \boldsymbol{H}_4 & \boldsymbol{H}_5 \\ \boldsymbol{H}_3^H & \boldsymbol{H}_5^H & \boldsymbol{H}_6 \end{bmatrix} \begin{bmatrix} \boldsymbol{z} \\ \boldsymbol{0} \\ \boldsymbol{x} \end{bmatrix} + \begin{bmatrix} \boldsymbol{z} \\ \boldsymbol{u} \\ \boldsymbol{x} \end{bmatrix}^H \begin{bmatrix} \boldsymbol{0} & \boldsymbol{H}_2 & \boldsymbol{0} \\ \boldsymbol{H}_2^H & \boldsymbol{H}_4 & \boldsymbol{H}_5 \\ \boldsymbol{0} & \boldsymbol{H}_5^H & \boldsymbol{0} \end{bmatrix} \begin{bmatrix} \boldsymbol{z} \\ \boldsymbol{u} \\ \boldsymbol{x} \end{bmatrix} \tag{5.161}
$$

$$
\geqslant 0. \tag{5.162}
$$

这里利用了 $\boldsymbol{x} = \boldsymbol{X}\boldsymbol{u}$. 在式(5.161)中，令 $\boldsymbol{u} \to \boldsymbol{0}$. 于是，可得

$$
\begin{bmatrix} \boldsymbol{z} \\ \boldsymbol{0} \\ \boldsymbol{x} \end{bmatrix}^H \begin{bmatrix} \boldsymbol{H}_1 & \boldsymbol{H}_2 & \boldsymbol{H}_3 \\ \boldsymbol{H}_2^H & \boldsymbol{H}_4 & \boldsymbol{H}_5 \\ \boldsymbol{H}_3^H & \boldsymbol{H}_5^H & \boldsymbol{H}_6 \end{bmatrix} \begin{bmatrix} \boldsymbol{z} \\ \boldsymbol{0} \\ \boldsymbol{x} \end{bmatrix} \geqslant 0, \tag{5.163}
$$

即式(5.156)成立.

式 (5.156) ⇒ 式 (5.155)：假设 $\boldsymbol{X}$ 满足 $\boldsymbol{I}-\boldsymbol{X}^H\boldsymbol{D}_i\boldsymbol{X}\succeq\boldsymbol{0}$，$i=1$，2. 那么 $\boldsymbol{y}^H\boldsymbol{y}-\boldsymbol{x}^H\boldsymbol{D}_i\boldsymbol{x}\geqslant 0$，$i=1$，2，$\forall\boldsymbol{y}$. 其中，$\boldsymbol{x}=\boldsymbol{X}\boldsymbol{y}$.

根据式(5.159)，可知

$$\begin{bmatrix}\boldsymbol{H}_1 & \boldsymbol{H}_2+\boldsymbol{H}_3\boldsymbol{X}\\(\boldsymbol{H}_2+\boldsymbol{H}_3\boldsymbol{X})^H & \boldsymbol{H}_4+\boldsymbol{H}_5\boldsymbol{X}+(\boldsymbol{H}_5\boldsymbol{X})^H+\boldsymbol{X}^H\boldsymbol{H}_6\boldsymbol{X}\end{bmatrix}\succeq\boldsymbol{0}, \tag{5.164}$$

即式(5.155)成立. □

再考虑以下两个式子：

$$\begin{bmatrix}\boldsymbol{H}_1 & \boldsymbol{H}_2+\boldsymbol{H}_3\boldsymbol{X}\\(\boldsymbol{H}_2+\boldsymbol{H}_3\boldsymbol{X})^H & \boldsymbol{H}_4+\boldsymbol{H}_5\boldsymbol{X}+(\boldsymbol{H}_5\boldsymbol{X})^H+\boldsymbol{X}^H\boldsymbol{H}_6\boldsymbol{X}\end{bmatrix}\succeq\boldsymbol{0},$$
$$\forall\boldsymbol{X}:\ \boldsymbol{I}\succeq\boldsymbol{X}^H\boldsymbol{D}_1\boldsymbol{X},\ \mathrm{tr}\,(\boldsymbol{D}_2\boldsymbol{X}\boldsymbol{X}^H)\leqslant 1; \tag{5.165}$$

$$\begin{bmatrix}\boldsymbol{H}_1 & \boldsymbol{H}_2+\boldsymbol{H}_3\boldsymbol{X}\\(\boldsymbol{H}_2+\boldsymbol{H}_3\boldsymbol{X})^H & \boldsymbol{H}_4+\boldsymbol{H}_5\boldsymbol{X}+(\boldsymbol{H}_5\boldsymbol{X})^H+\boldsymbol{X}^H\boldsymbol{H}_6\boldsymbol{X}\end{bmatrix}\succeq\boldsymbol{0},$$
$$\forall\boldsymbol{X}:\mathrm{tr}\,(\boldsymbol{D}_i\boldsymbol{X}\boldsymbol{X}^H)\leqslant 1,\quad i=1,\ 2. \tag{5.166}$$

**定理 5.4.8** 如果 $\boldsymbol{D}_2\succeq\boldsymbol{0}$，则式(5.165)与式(5.157)互相等价. 如果 $\boldsymbol{D}_i\succeq\boldsymbol{0}$，$i=1$，2，那么式(5.166)等价于式(5.157).

**证明**：根据定理 5.4.7，只需证明式 (5.165) ⇔ 式 (5.155).

首先，证明式 (5.155) ⇒ 式 (5.165). 假设 $\boldsymbol{X}$ 满足 $\boldsymbol{I}\succeq\boldsymbol{X}^H\boldsymbol{D}_1\boldsymbol{X}$，$\mathrm{tr}\,(\boldsymbol{D}_2\boldsymbol{X}\boldsymbol{X}^H)\leqslant 1$. 由于 $\boldsymbol{D}_2\succeq\boldsymbol{0}$，所以 $\mathrm{tr}\,(\boldsymbol{D}_2\boldsymbol{X}\boldsymbol{X}^H)\leqslant 1$ 意味着它的特征值 $0\leqslant\lambda_k(\boldsymbol{X}^H\boldsymbol{D}_2\boldsymbol{X})\leqslant 1$. 因此，$\boldsymbol{I}-\boldsymbol{X}^H\boldsymbol{D}_2\boldsymbol{X}\succeq\boldsymbol{0}$. 由式(5.155)可知式(5.165)成立.

再证明式 (5.165) ⇒ 式 (5.155). 由定理 5.4.7可知，只需证明式 (5.165) ⇒ 式 (5.156). 易验证，式 (5.165) ⇒ 式 (5.156) 的证明与式 (5.155) ⇒ 式 (5.156) 的证明（定理 5.4.7的证明）完全类似，故略之.

如果 $\boldsymbol{D}_i\succeq\boldsymbol{0}$，$i=1$，2，那么可以类似证明式(5.166)等价于式(5.157). □

由定理 5.4.8可以获得以下结论.

**定理 5.4.9** 假设 $\boldsymbol{H}_i(i=1,\ 2,\ \cdots,\ 6)$ 与 $\boldsymbol{D}\succeq\boldsymbol{0}$ 满足：

$$\begin{bmatrix}\boldsymbol{H}_1 & \boldsymbol{H}_2+\boldsymbol{H}_3\boldsymbol{X}\\(\boldsymbol{H}_2+\boldsymbol{H}_3\boldsymbol{X})^H & \boldsymbol{H}_4+\boldsymbol{H}_5\boldsymbol{X}+(\boldsymbol{H}_5\boldsymbol{X})^H+\boldsymbol{X}^H\boldsymbol{H}_6\boldsymbol{X}\end{bmatrix}\succeq\boldsymbol{0},$$
$$\forall\boldsymbol{X}:\mathrm{tr}\,(\boldsymbol{D}\boldsymbol{X}\boldsymbol{X}^H)\leqslant 1. \tag{5.167}$$

那么式(5.167)等价于存在 $t \geqslant 0$，使得

$$\begin{bmatrix} \boldsymbol{H}_1 & \boldsymbol{H}_2 & \boldsymbol{H}_3 \\ \boldsymbol{H}_2^H & \boldsymbol{H}_4 & \boldsymbol{H}_5 \\ \boldsymbol{H}_3^H & \boldsymbol{H}_5^H & \boldsymbol{H}_6 \end{bmatrix} - t \begin{bmatrix} \boldsymbol{0} & \boldsymbol{0} & \boldsymbol{0} \\ \boldsymbol{0} & \boldsymbol{I} & \boldsymbol{0} \\ \boldsymbol{0} & \boldsymbol{0} & -\boldsymbol{D} \end{bmatrix} \succeq \boldsymbol{0}. \tag{5.168}$$

上述定理与实数版本的定理 5.3.5类似.

## 5.5　$S$ 引理的变形

本节介绍 $S$ 引理的另外几种形式，包括实变量与复变量版本.

**定理 5.5.1**　假设 $\boldsymbol{A}_i \in \mathcal{H}^N (i = 1, 2, 3)$，是共轭对称矩阵. 那么以下 4 个结论相互等价.

（1）　$\max\{\boldsymbol{x}^H \boldsymbol{A}_1 \boldsymbol{x}, \boldsymbol{x}^H \boldsymbol{A}_2 \boldsymbol{x}, \boldsymbol{x}^H \boldsymbol{A}_3 \boldsymbol{x}\} \geqslant 0, \forall \boldsymbol{x} \in \mathbb{C}^N$;

（2）　$\max\{\mathrm{tr}\,(\boldsymbol{A}_1 \boldsymbol{X}), \mathrm{tr}\,(\boldsymbol{A}_2 \boldsymbol{X}), \mathrm{tr}\,(\boldsymbol{A}_3 \boldsymbol{X})\} \geqslant 0, \forall \boldsymbol{X} \succeq \boldsymbol{0} (\in \mathcal{H}_+^N)$;

（3）　存在 $t_i \geqslant 0, i = 1, 2, 3$, 且 $t_1 + t_2 + t_3 = 1$, 使得 $t_1 \boldsymbol{A}_1 + t_2 \boldsymbol{A}_2 + t_3 \boldsymbol{A}_3 \succeq \boldsymbol{0}$;

（4）　如果存在 $\boldsymbol{x}_0$ 使得 $\boldsymbol{x}_0^H \boldsymbol{A}_2 \boldsymbol{x}_0 < 0$ 与 $\boldsymbol{x}_0^H \boldsymbol{A}_3 \boldsymbol{x}_0 < 0$，那么 $\boldsymbol{x}^H \boldsymbol{A}_1 \boldsymbol{x} \geqslant 0$, $\forall \boldsymbol{x} : \boldsymbol{x}^H \boldsymbol{A}_i \boldsymbol{x} \leqslant 0, i = 2, 3$.

**证明:**（1）⇒（2）: 假设存在 $\bar{\boldsymbol{X}} \succeq \boldsymbol{0}$，使得 $\max\{\mathrm{tr}\,(\boldsymbol{A}_1 \bar{\boldsymbol{X}}), \mathrm{tr}\,(\boldsymbol{A}_2 \bar{\boldsymbol{X}}), \mathrm{tr}\,(\boldsymbol{A}_3 \bar{\boldsymbol{X}})\} < 0$，即 $\lambda_i = \mathrm{tr}\,(\boldsymbol{A}_i \bar{\boldsymbol{X}}) < 0, i = 1, 2, 3$. 于是,

$$\mathrm{tr}\left(\left(\boldsymbol{A}_1 - \frac{\lambda_1}{\lambda_3}\boldsymbol{A}_3\right)\bar{\boldsymbol{X}}\right) = 0, \ \mathrm{tr}\left(\left(\boldsymbol{A}_2 - \frac{\lambda_2}{\lambda_3}\boldsymbol{A}_3\right)\bar{\boldsymbol{X}}\right) = 0. \tag{5.169}$$

利用特别秩一分解定理 5.1.2，存在 $\bar{\boldsymbol{X}} = \sum\limits_{r=1}^{R} \boldsymbol{x}_r \boldsymbol{x}_r^H$ 使得

$$\mathrm{tr}\left(\left(\boldsymbol{A}_1 - \frac{\lambda_1}{\lambda_3}\boldsymbol{A}_3\right)\boldsymbol{x}_r \boldsymbol{x}_r^H\right) = 0, \tag{5.170}$$

$$\mathrm{tr}\left(\left(\boldsymbol{A}_2 - \frac{\lambda_2}{\lambda_3}\boldsymbol{A}_3\right)\boldsymbol{x}_r \boldsymbol{x}_r^H\right) = 0, \quad r = 1, \cdots, R. \tag{5.171}$$

由于 $\mathrm{tr}(\boldsymbol{A}_3\bar{\boldsymbol{X}})<0$，因此，不失一般性有

$$\mathrm{tr}(\boldsymbol{A}_3\boldsymbol{x}_1\boldsymbol{x}_1^H)<0,$$

从而进一步有

$$\mathrm{tr}\left(\boldsymbol{A}_1\frac{\lambda_3}{\boldsymbol{x}_1^H\boldsymbol{A}_3\boldsymbol{x}_1}\boldsymbol{x}_1\boldsymbol{x}_1^H\right)=\lambda_1, \tag{5.172}$$

$$\mathrm{tr}\left(\boldsymbol{A}_2\frac{\lambda_3}{\boldsymbol{x}_1^H\boldsymbol{A}_3\boldsymbol{x}_1}\boldsymbol{x}_1\boldsymbol{x}_1^H\right)=\lambda_2, \tag{5.173}$$

$$\mathrm{tr}\left(\boldsymbol{A}_3\frac{\lambda_3}{\boldsymbol{x}_1^H\boldsymbol{A}_3\boldsymbol{x}_1}\boldsymbol{x}_1\boldsymbol{x}_1^H\right)=\lambda_3. \tag{5.174}$$

换言之，

$$\begin{aligned}\max\Bigg\{&\mathrm{tr}\left(\boldsymbol{A}_1\frac{\lambda_3}{\boldsymbol{x}_1^H\boldsymbol{A}_3\boldsymbol{x}_1}\boldsymbol{x}_1\boldsymbol{x}_1^H\right),\ \mathrm{tr}\left(\boldsymbol{A}_2\frac{\lambda_3}{\boldsymbol{x}_1^H\boldsymbol{A}_3\boldsymbol{x}_1}\boldsymbol{x}_1\boldsymbol{x}_1^H\right),\\ &\mathrm{tr}\left(\boldsymbol{A}_3\frac{\lambda_3}{\boldsymbol{x}_1^H\boldsymbol{A}_3\boldsymbol{x}_1}\boldsymbol{x}_1\boldsymbol{x}_1^H\right)\Bigg\}<0.\end{aligned} \tag{5.175}$$

这与结论 (1) 相矛盾. 因此，(2) 成立.

(2) ⇒ (3)：构造以下半正定规划问题

$$\begin{aligned}\min_{s,\ \boldsymbol{X}}\quad & s\\ \text{s.t.}\quad & s-\mathrm{tr}(\boldsymbol{A}_i\boldsymbol{X})\geqslant 0,\ i=1,\ 2,\ 3\\ & \mathrm{tr}(\boldsymbol{X})=1\\ & \boldsymbol{X}\succeq\boldsymbol{0}.\end{aligned} \tag{5.176}$$

显然，它的对偶问题是

$$\begin{aligned}\max_{\{t_i\}}\quad & t_4\\ \text{s.t.}\quad & t_1\boldsymbol{A}_1+t_2\boldsymbol{A}_2+t_3\boldsymbol{A}_3\succeq t_4\boldsymbol{I}\\ & 1-t_1-t_2-t_3=0\\ & t_i\geqslant 0,\ i=1,\ 2,\ 3,\ t_4\in\mathbb{R}.\end{aligned} \tag{5.177}$$

可以验证当 $s>0$ 充分大时，$(s,\ \boldsymbol{I}/N)$ 是原始问题(5.176)的严格可行点；当 $t_4<0$ 充分小及 $t_1+t_2+t_3=1$ 时，$(t_1,\ t_2,\ t_3,\ t_4)$ 则是对偶问题(5.177)的

严格可行点. 根据强对偶定理，可知问题(5.176)与问题(5.177)均可解. 因此它们最优值相等且 $s^\star = t_4^\star \geqslant 0$. 这是因为

$$s^\star \geqslant \max\{\mathrm{tr}\,(\boldsymbol{A}_1\boldsymbol{X}^\star),\ \mathrm{tr}\,(\boldsymbol{A}_2\boldsymbol{X}^\star),\ \mathrm{tr}\,(\boldsymbol{A}_3\boldsymbol{X}^\star)\} \geqslant 0. \tag{5.178}$$

对偶最优解满足：$t_i^\star \geqslant 0, i = 1, 2, 3, t_1^\star + t_2^\star + t_3^\star = 1$，以及 $t_1^\star\boldsymbol{A}_1 + t_2^\star\boldsymbol{A}_2 + t_3^\star\boldsymbol{A}_3 \succeq t_4^\star\boldsymbol{I} \succeq \boldsymbol{0}$.

（3）⇒（4）：首先断定 $t_1 \neq 0$（即 $t_1 > 0$）. 假设 $t_1 = 0$. 那么 $t_2 + t_3 = 1$ 和 $t_2\boldsymbol{A}_2 + t_3\boldsymbol{A}_3 \succeq \boldsymbol{0}$. 所以，$t_2\boldsymbol{x}_0^H\boldsymbol{A}_2\boldsymbol{x}_0 + t_3\boldsymbol{x}_0^H\boldsymbol{A}_3\boldsymbol{x}_0 \geqslant 0$ [这里 $\boldsymbol{x}_0$ 来自结论（4）的假设]. 但是由于（4）的内点条件成立，故有 $t_2\boldsymbol{x}_0^H\boldsymbol{A}_2\boldsymbol{x}_0 + t_3\boldsymbol{x}_0^H\boldsymbol{A}_3\boldsymbol{x}_0 < 0$（这里 $t_2$ 和 $t_3$ 至少有一个是非零），所以产生矛盾.

对任意给定 $\boldsymbol{x}$ 使得 $\boldsymbol{x}^H\boldsymbol{A}_2\boldsymbol{x} \leqslant 0$ 和 $\boldsymbol{x}^H\boldsymbol{A}_3\boldsymbol{x} \leqslant 0$，有

$$t_1\boldsymbol{x}^H\boldsymbol{A}_1\boldsymbol{x} + t_2\boldsymbol{x}^H\boldsymbol{A}_2\boldsymbol{x} + t_3\boldsymbol{x}^H\boldsymbol{A}_3\boldsymbol{x} \geqslant 0. \tag{5.179}$$

故有

$$\boldsymbol{x}^H\boldsymbol{A}_1\boldsymbol{x} \geqslant -\frac{t_2}{t_1}\boldsymbol{x}^H\boldsymbol{A}_2\boldsymbol{x} - \frac{t_3}{t_1}\boldsymbol{x}^H\boldsymbol{A}_3\boldsymbol{x} \geqslant 0. \tag{5.180}$$

（4）⇒（1）：假设 $\boldsymbol{x}$ 满足 $\boldsymbol{x}^H\boldsymbol{A}_2\boldsymbol{x} \leqslant 0$ 和 $\boldsymbol{x}^H\boldsymbol{A}_3\boldsymbol{x} \leqslant 0$. 则 $\boldsymbol{x}^H\boldsymbol{A}_1\boldsymbol{x} \geqslant 0$. 因此 $\max\{\boldsymbol{x}^H\boldsymbol{A}_1\boldsymbol{x},\ \boldsymbol{x}^H\boldsymbol{A}_2\boldsymbol{x},\ \boldsymbol{x}^H\boldsymbol{A}_3\boldsymbol{x}\} \geqslant \boldsymbol{x}^H\boldsymbol{A}_1\boldsymbol{x} \geqslant 0$.

如果 $\boldsymbol{x}$ 满足 $\boldsymbol{x}^H\boldsymbol{A}_2\boldsymbol{x} > 0$ 或者 $\boldsymbol{x}^H\boldsymbol{A}_3\boldsymbol{x} > 0$，那么，此时 $\max\{\boldsymbol{x}^H\boldsymbol{A}_1\boldsymbol{x},\ \boldsymbol{x}^H\boldsymbol{A}_2\boldsymbol{x},\ \boldsymbol{x}^H\boldsymbol{A}_3\boldsymbol{x}\} \geqslant \boldsymbol{x}^H\boldsymbol{A}_2\boldsymbol{x} > 0$ 或 $\geqslant \boldsymbol{x}^H\boldsymbol{A}_3\boldsymbol{x} > 0$. □

以上复变量 $S$ 引理所对应的实变量版本可描述如下：

**定理 5.5.2** 假设 $\boldsymbol{A}_i \in \mathcal{S}^N$，$i = 1, 2$，是实对称矩阵，那么以下 4 个结论相互等价.

（1） $\max\{\boldsymbol{x}^T\boldsymbol{A}_1\boldsymbol{x},\ \boldsymbol{x}^T\boldsymbol{A}_2\boldsymbol{x}\} \geqslant 0,\ \forall \boldsymbol{x} \in \mathbb{R}^N$;

（2） $\max\{\mathrm{tr}\,(\boldsymbol{A}_1\boldsymbol{X}),\ \mathrm{tr}\,(\boldsymbol{A}_2\boldsymbol{X})\} \geqslant 0,\ \forall \boldsymbol{X} \succeq \boldsymbol{0} (\in \mathcal{S}_+^N)$;

（3） 存在 $t_i \geqslant 0$，$i = 1, 2$，且 $t_1 + t_2 = 1$，使得 $t_1\boldsymbol{A}_1 + t_2\boldsymbol{A}_2 \succeq \boldsymbol{0}$;

（4） 如果存在 $\boldsymbol{x}_0$ 使得 $\boldsymbol{x}_0^H\boldsymbol{A}_2\boldsymbol{x}_0 < 0$，那么 $\boldsymbol{x}^H\boldsymbol{A}_1\boldsymbol{x} \geqslant 0, \forall \boldsymbol{x} : \boldsymbol{x}^H\boldsymbol{A}_2\boldsymbol{x} \leqslant 0$.

新形式的复变量 $S$ 引理（定理 5.5.1），还可以推广至 4 种二次型的情况，具体描述如下（见文献 [27]、[28]）.

**定理 5.5.3** 假设 $\boldsymbol{A}_i \in \mathcal{H}^N(i=1,\ 2,\ 3,\ 4)$，是共轭对称矩阵，且 $N \geqslant 3$. 假设对任意非零半正定矩阵 $\boldsymbol{Y} \in \mathcal{H}_+^N$，均有

$$(\operatorname{tr}(\boldsymbol{A}_1\boldsymbol{Y}),\ \operatorname{tr}(\boldsymbol{A}_2\boldsymbol{Y}),\ \operatorname{tr}(\boldsymbol{A}_3\boldsymbol{Y}),\ \operatorname{tr}(\boldsymbol{A}_4\boldsymbol{Y})) \neq (0,\ 0,\ 0,\ 0). \tag{5.181}$$

那么以下 4 个结论相互等价.

(1) $\max\{\boldsymbol{x}^H\boldsymbol{A}_1\boldsymbol{x},\ \boldsymbol{x}^H\boldsymbol{A}_2\boldsymbol{x},\ \boldsymbol{x}^H\boldsymbol{A}_3\boldsymbol{x},\ \boldsymbol{x}^H\boldsymbol{A}_4\boldsymbol{x}\} \geqslant 0,\ \forall \boldsymbol{x} \in \mathbb{C}^N$;

(2) $\max\{\operatorname{tr}(\boldsymbol{A}_1\boldsymbol{X}),\ \operatorname{tr}(\boldsymbol{A}_2\boldsymbol{X}),\ \operatorname{tr}(\boldsymbol{A}_3\boldsymbol{X}),\ \operatorname{tr}(\boldsymbol{A}_4\boldsymbol{X})\} \geqslant 0,\ \forall \boldsymbol{X} \succeq \boldsymbol{0}(\in \mathcal{H}_+^N)$;

(3) 存在 $t_i \geqslant 0,\ i=1,\ 2,\ 3,\ 4$，且 $t_1+t_2+t_3+t_4=1$，使得 $t_1\boldsymbol{A}_1+t_2\boldsymbol{A}_2+t_3\boldsymbol{A}_3+t_4\boldsymbol{A}_4 \succeq \boldsymbol{0}$;

(4) 如果存在 $\boldsymbol{x}_0$ 使得 $\boldsymbol{x}_0^H\boldsymbol{A}_2\boldsymbol{x}_0<0$，$\boldsymbol{x}_0^H\boldsymbol{A}_3\boldsymbol{x}_0<0$ 与 $\boldsymbol{x}_0^H\boldsymbol{A}_4\boldsymbol{x}_0<0$，那么 $\boldsymbol{x}^H\boldsymbol{A}_1\boldsymbol{x} \geqslant 0,\ \forall \boldsymbol{x}: \boldsymbol{x}^H\boldsymbol{A}_i\boldsymbol{x} \leqslant 0,\ i=2,\ 3,\ 4$.

在上述定理中，条件(5.181)是保证第一个结论推出第二个结论. 另外，文献 [27] 中新的矩阵秩一分解定理是证明第一个结论推出第二个结论的关键.

如果存在 $\alpha_i \in \mathbb{R}$，$i=1$，2，3，4，使得

$$\alpha_1\boldsymbol{A}_1+\alpha_2\boldsymbol{A}_2+\alpha_3\boldsymbol{A}_3+\alpha_4\boldsymbol{A}_4 \succ \boldsymbol{0}\,(\in \mathcal{H}_{++}^N), \tag{5.182}$$

那么式(5.181)显然成立. 因此，若用式(5.182)取代式(5.181)，则定理 5.5.3照样成立.

同样，上述定理的实变量版本可以改写成以下定理.

**定理 5.5.4** 假设 $\boldsymbol{A}_i \in \mathcal{S}^N$，$i=1$，2，是实对称矩阵，且 $N \geqslant 3$. 假设对任意非零半正定矩阵 $\boldsymbol{Y} \in \mathcal{S}_+^N$，均有

$$(\operatorname{tr}(\boldsymbol{A}_1\boldsymbol{Y}),\ \operatorname{tr}(\boldsymbol{A}_2\boldsymbol{Y}),\ \operatorname{tr}(\boldsymbol{A}_3\boldsymbol{Y})) \neq (0,\ 0,\ 0). \tag{5.183}$$

那么以下 4 个结论相互等价.

(1) $\max\{\boldsymbol{x}^T\boldsymbol{A}_1\boldsymbol{x},\ \boldsymbol{x}^T\boldsymbol{A}_2\boldsymbol{x},\ \boldsymbol{x}^T\boldsymbol{A}_3\boldsymbol{x}\} \geqslant 0,\ \forall \boldsymbol{x} \in \mathbb{R}^N$;

(2) $\max\{\operatorname{tr}(\boldsymbol{A}_1\boldsymbol{X}),\ \operatorname{tr}(\boldsymbol{A}_2\boldsymbol{X}),\ \operatorname{tr}(\boldsymbol{A}_3\boldsymbol{X})\} \geqslant 0,\ \forall \boldsymbol{X} \succeq \boldsymbol{0}(\in \mathcal{S}_+^N)$;

(3) 存在 $t_i \geqslant 0, i=1,\ 2,\ 3$, 且 $t_1+t_2+t_3=1$, 使得 $t_1\boldsymbol{A}_1+t_2\boldsymbol{A}_2+t_3\boldsymbol{A}_3 \succeq \boldsymbol{0}$;

(4) 如果存在 $\boldsymbol{x}_0$ 使得 $\boldsymbol{x}_0^H\boldsymbol{A}_2\boldsymbol{x}_0<0$ 与 $\boldsymbol{x}_0^H\boldsymbol{A}_3\boldsymbol{x}_0<0$，那么 $\boldsymbol{x}^H\boldsymbol{A}_1\boldsymbol{x} \geqslant 0$，$\forall \boldsymbol{x}: \boldsymbol{x}^H\boldsymbol{A}_i\boldsymbol{x} \leqslant 0,\ i=2,\ 3$.

证明上述结论的关键在于文献 [29] 中的实矩阵秩一分解定理. 类似地，条件(5.183)可用以下条件代替：存在 $\alpha_i \in \mathbb{R}$，$i = 1$，2，3，使得

$$\alpha_1 \boldsymbol{A}_1 + \alpha_2 \boldsymbol{A}_2 + \alpha_3 \boldsymbol{A}_3 \succ \boldsymbol{0}\,(\in \mathcal{S}_{++}^N). \tag{5.184}$$

# 第 6 章　$S$ 引理的应用

$S$ 引理在理论和工程方面都有广泛的应用. 理论应用包括将一些鲁棒对等问题转化为可计算的线性矩阵不等式问题等. 工程应用包括工程领域中的鲁棒优化设计问题及其等价凸表示等. 本章先介绍若干鲁棒二阶锥约束和鲁棒线性矩阵不等式的等价可计算形式，然后给出几个通信信号处理中的应用作为工程应用的例子.

## 6.1　鲁棒二阶锥约束及鲁棒线性矩阵不等式

### 6.1.1　几个预备引理

首先是舒尔互补引理.

**引理 6.1.1**　假设 $\boldsymbol{C} \succ \boldsymbol{0}$ 是正定矩阵. 则

$$\boldsymbol{P} = \begin{bmatrix} \boldsymbol{A} & \boldsymbol{B} \\ \boldsymbol{B}^T & \boldsymbol{C} \end{bmatrix} \succeq \boldsymbol{0}, \tag{6.1}$$

当且仅当 $\boldsymbol{A} - \boldsymbol{B}\boldsymbol{C}^{-1}\boldsymbol{B}^T \succeq \boldsymbol{0}$.

**证明：** 显然 $\boldsymbol{P} \succeq \boldsymbol{0}$ 等价于

$$\begin{bmatrix} \boldsymbol{u} \\ \boldsymbol{v} \end{bmatrix}^T \begin{bmatrix} \boldsymbol{A} & \boldsymbol{B} \\ \boldsymbol{B}^T & \boldsymbol{C} \end{bmatrix} \begin{bmatrix} \boldsymbol{u} \\ \boldsymbol{v} \end{bmatrix} \geqslant 0, \quad \forall \boldsymbol{u}, \quad \boldsymbol{v}. \tag{6.2}$$

这个不等式进一步等同于

$$\min_{\boldsymbol{v}} \begin{bmatrix} \boldsymbol{u} \\ \boldsymbol{v} \end{bmatrix}^T \begin{bmatrix} \boldsymbol{A} & \boldsymbol{B} \\ \boldsymbol{B}^T & \boldsymbol{C} \end{bmatrix} \begin{bmatrix} \boldsymbol{u} \\ \boldsymbol{v} \end{bmatrix} \geqslant 0, \quad \forall \boldsymbol{u}. \tag{6.3}$$

上述极小化问题的最优值是

$$\boldsymbol{u}^T(\boldsymbol{A} - \boldsymbol{B}\boldsymbol{C}^{-1}\boldsymbol{B}^T)\boldsymbol{u} = \min_{\boldsymbol{v}} \boldsymbol{u}^T\boldsymbol{A}\boldsymbol{u} + 2\boldsymbol{u}^T\boldsymbol{B}\boldsymbol{v} + \boldsymbol{v}^T\boldsymbol{C}\boldsymbol{v} \geqslant 0, \quad \forall \boldsymbol{u}. \tag{6.4}$$

因此，$\boldsymbol{A}-\boldsymbol{B}\boldsymbol{C}^{-1}\boldsymbol{B}^T \succeq \boldsymbol{0}$. □

舒尔互补引理一个直接的应用是二阶锥约束等价于线性矩阵不等式：

$$\|\boldsymbol{x}\| \leqslant t \Longleftrightarrow \begin{bmatrix} t & \boldsymbol{x}^T \\ \boldsymbol{x} & t\boldsymbol{I} \end{bmatrix} \succeq \boldsymbol{0}. \tag{6.5}$$

假设 $\|\boldsymbol{A}\|$ 代表矩阵 $\boldsymbol{A}$ 的 2 范数，即该矩阵的最大奇异值，或者 $\boldsymbol{A}^T\boldsymbol{A}$ 最大特征值的平方根，那么有以下引理.

**引理 6.1.2**　设 $\boldsymbol{A} \neq \boldsymbol{0}$. 则下列结论成立.

（1）$\|\boldsymbol{A}\| = \max\limits_{\|\boldsymbol{x}\|=\|\boldsymbol{y}\|=1} \boldsymbol{x}^T\boldsymbol{A}\boldsymbol{y} = \max\limits_{\|\boldsymbol{y}\|=1} \|\boldsymbol{A}\boldsymbol{y}\|$；

（2）$\|\boldsymbol{x}\|\|\boldsymbol{y}\| = \max\limits_{\|\boldsymbol{A}\|\leqslant 1} \boldsymbol{x}^T\boldsymbol{A}\boldsymbol{y} = \max\limits_{\boldsymbol{I}\succeq \boldsymbol{A}\boldsymbol{A}^T} \boldsymbol{x}^T\boldsymbol{A}\boldsymbol{y}$.

**证明：**（1）对 $\boldsymbol{x}$ 和 $\boldsymbol{y}$ 满足 $\|\boldsymbol{x}\| = \|\boldsymbol{y}\| = 1$，有

$$\boldsymbol{x}^T\boldsymbol{A}\boldsymbol{y} \leqslant \|\boldsymbol{x}\|\|\boldsymbol{A}\boldsymbol{y}\| \leqslant \|\boldsymbol{x}\|\|\boldsymbol{A}\|\|\boldsymbol{y}\| = \|\boldsymbol{A}\|. \tag{6.6}$$

其中，第二个不等式是由于式 (3.9). 假设奇异值分解$\boldsymbol{A} = \boldsymbol{U}\boldsymbol{\Sigma}\boldsymbol{V}^T$，$\boldsymbol{x}$ 是 $\boldsymbol{U}$ 的第一个列向量，$\boldsymbol{y}$ 是 $\boldsymbol{V}$ 的第一个列向量. 易验证，$\boldsymbol{x}^T\boldsymbol{A}\boldsymbol{y} = \sigma_{\max}(\boldsymbol{A}) = \|\boldsymbol{A}\|$. 其中，$\sigma_{\max}(\boldsymbol{A})$ 代表最大奇异值. 所以，$\|\boldsymbol{A}\| = \max\limits_{\|\boldsymbol{x}\|=\|\boldsymbol{y}\|=1} \boldsymbol{x}^T\boldsymbol{A}\boldsymbol{y}$. 至于 $\max\limits_{\|\boldsymbol{x}\|=\|\boldsymbol{y}\|=1} \boldsymbol{x}^T\boldsymbol{A}\boldsymbol{y} = \max\limits_{\|\boldsymbol{y}\|=1} \|\boldsymbol{A}\boldsymbol{y}\|$，则是显然的.

（2）由 $\|\boldsymbol{A}\| \leqslant 1$ 与式(6.6)可知，

$$\boldsymbol{x}^T\boldsymbol{A}\boldsymbol{y} \leqslant \|\boldsymbol{x}\|\|\boldsymbol{A}\|\|\boldsymbol{y}\| \leqslant \|\boldsymbol{x}\|\|\boldsymbol{y}\|. \tag{6.7}$$

当 $\boldsymbol{A} = \boldsymbol{x}\boldsymbol{y}^T/(\|\boldsymbol{x}\|\|\boldsymbol{y}\|)$，上述不等式变为等式，因此，得到结论中的第一个等式. 另外，由于 $\|\boldsymbol{A}\| \leqslant 1$ 等价于 $\boldsymbol{I} \succeq \boldsymbol{A}\boldsymbol{A}^T$，所以结论中的第二个等式成立，故得证. □

由上述引理结论（2）也可以得到如下结论：

$$-\|\boldsymbol{x}\|\|\boldsymbol{y}\| = \min_{\|\boldsymbol{A}\|\leqslant 1} \boldsymbol{x}^T\boldsymbol{A}\boldsymbol{y} = \min_{\boldsymbol{I}\succeq \boldsymbol{A}\boldsymbol{A}^T} \boldsymbol{x}^T\boldsymbol{A}\boldsymbol{y}. \tag{6.8}$$

### 6.1.2　带有矩阵参数不确定性的鲁棒二阶锥约束

假设矩阵 $\boldsymbol{A}$，$\boldsymbol{P} \in \mathbb{R}^{M\times N}$，向量 $\boldsymbol{x} \in \mathbb{R}^N$ 与 $\boldsymbol{b} \in \mathbb{R}^M$. 考虑以下鲁棒二阶锥约束（见文献 [30]）[以 $(\boldsymbol{x}, t)$ 为变量]

$$\|(\boldsymbol{A}+\boldsymbol{P}\boldsymbol{\Delta})\boldsymbol{x}+\boldsymbol{b}\| \leqslant t，\ \text{对任意}\boldsymbol{\Delta} \in \mathbb{R}^{N\times N}\text{满足}\|\boldsymbol{\Delta}\| \leqslant 1. \tag{6.9}$$

**定理 6.1.1** 半无穷约束(6.9)等价于存在 $\lambda \in \mathbb{R}$ 使得

$$\begin{bmatrix} t & (\boldsymbol{Ax}+\boldsymbol{b})^T & \boldsymbol{x}^T \\ \boldsymbol{Ax}+\boldsymbol{b} & t\boldsymbol{I}-\lambda\boldsymbol{PP}^T & \boldsymbol{0} \\ \boldsymbol{x} & \boldsymbol{0} & \lambda\boldsymbol{I} \end{bmatrix} \succeq \boldsymbol{0}. \tag{6.10}$$

**证明:** 根据式(6.5),可以把式(6.9)化为

$$\begin{bmatrix} t & ((\boldsymbol{A}+\boldsymbol{P\Delta})\boldsymbol{x}+\boldsymbol{b})^T \\ (\boldsymbol{A}+\boldsymbol{P\Delta})\boldsymbol{x}+\boldsymbol{b} & t\boldsymbol{I} \end{bmatrix} \succeq \boldsymbol{0},\ \forall\boldsymbol{\Delta}:\ \|\boldsymbol{\Delta}\| \leqslant 1. \tag{6.11}$$

因此,有

$$\begin{bmatrix} s \\ \boldsymbol{v} \end{bmatrix}^T \begin{bmatrix} t & ((\boldsymbol{A}+\boldsymbol{P\Delta})\boldsymbol{x}+\boldsymbol{b})^T \\ (\boldsymbol{A}+\boldsymbol{P\Delta})\boldsymbol{x}+\boldsymbol{b} & t\boldsymbol{I} \end{bmatrix} \begin{bmatrix} s \\ \boldsymbol{v} \end{bmatrix} \geqslant 0,$$
$$\forall s \in \mathbb{R},\ \boldsymbol{v} \in \mathbb{R}^M,\ \|\boldsymbol{\Delta}\| \leqslant 1. \tag{6.12}$$

亦即

$$ts^2 + 2s((\boldsymbol{A}+\boldsymbol{P\Delta})\boldsymbol{x}+\boldsymbol{b})^T\boldsymbol{v} + t\|\boldsymbol{v}\|^2 \geqslant 0,$$
$$\forall s \in \mathbb{R},\ \boldsymbol{v} \in \mathbb{R}^M,\ \|\boldsymbol{\Delta}\| \leqslant 1. \tag{6.13}$$

它等价于

$$ts^2 + 2s(\boldsymbol{Ax}+\boldsymbol{b})^T\boldsymbol{v} + t\|\boldsymbol{v}\|^2 + \min_{\|\boldsymbol{\Delta}\|\leqslant 1} 2s\boldsymbol{x}^T\boldsymbol{\Delta}^T\boldsymbol{P}^T\boldsymbol{v} \geqslant 0,$$
$$\forall s \in \mathbb{R},\ \boldsymbol{v} \in \mathbb{R}^M. \tag{6.14}$$

根据式(6.8),则有

$$\min_{\|\boldsymbol{\Delta}\|\leqslant 1} 2s\boldsymbol{x}^T\boldsymbol{\Delta}^T\boldsymbol{P}^T\boldsymbol{v} = \min_{\|\boldsymbol{\Delta}\|\leqslant 1} 2s(\boldsymbol{P}^T\boldsymbol{v})^T\boldsymbol{\Delta x} \tag{6.15}$$
$$= -2s\|\boldsymbol{P}^T\boldsymbol{v}\|\|\boldsymbol{x}\|. \tag{6.16}$$

设一向量 $\boldsymbol{u} \in \mathbb{R}^N$ 满足 $\|\boldsymbol{u}\| \leqslant \|\boldsymbol{P}^T\boldsymbol{v}\|$,注意

$$\boldsymbol{u}^T\boldsymbol{x} \leqslant \|\boldsymbol{u}\|\|\boldsymbol{x}\| \leqslant \|\boldsymbol{P}^T\boldsymbol{v}\|\|\boldsymbol{x}\|. \tag{6.17}$$

当 $\boldsymbol{u}=\dfrac{\|\boldsymbol{P}^T\boldsymbol{v}\|}{\|\boldsymbol{x}\|}\boldsymbol{x}$ 时，上述不等式变为等式，因此，

$$\max_{\boldsymbol{u}}\{\boldsymbol{u}^T\boldsymbol{x}\mid\|\boldsymbol{u}\|\leqslant\|\boldsymbol{P}^T\boldsymbol{v}\|\}=\|\boldsymbol{P}^T\boldsymbol{v}\|\|\boldsymbol{x}\|. \tag{6.18}$$

从而有

$$\min_{\boldsymbol{u}}\{\boldsymbol{u}^T\boldsymbol{x}\mid\|\boldsymbol{u}\|\leqslant\|\boldsymbol{P}^T\boldsymbol{v}\|\}=-\|\boldsymbol{P}^T\boldsymbol{v}\|\|\boldsymbol{x}\|. \tag{6.19}$$

由式(6.14)、式(6.16)和式(6.19)可知，

$$\begin{aligned}&ts^2+2s(\boldsymbol{Ax}+\boldsymbol{b})^T\boldsymbol{v}+t\|\boldsymbol{v}\|^2+\\&\quad\min_{\boldsymbol{u}}\{2s\boldsymbol{u}^T\boldsymbol{x}\mid\|\boldsymbol{u}\|\leqslant\|\boldsymbol{P}^T\boldsymbol{v}\|\}\geqslant 0,\ \ \forall s,\ \boldsymbol{v}.\end{aligned} \tag{6.20}$$

换言之，

$$\begin{aligned}&ts^2+2s(\boldsymbol{Ax}+\boldsymbol{b})^T\boldsymbol{v}+t\|\boldsymbol{v}\|^2+2s\boldsymbol{u}^T\boldsymbol{x}\geqslant 0,\\&\qquad\forall s,\ \boldsymbol{v},\ \forall\boldsymbol{u}:\|\boldsymbol{u}\|^2\leqslant\|\boldsymbol{P}^T\boldsymbol{v}\|^2.\end{aligned} \tag{6.21}$$

将上述半无穷约束写为以下矩阵形式

$$\begin{aligned}&\begin{bmatrix}s\\\boldsymbol{v}\\\boldsymbol{u}\end{bmatrix}^T\begin{bmatrix}t&(\boldsymbol{Ax}+\boldsymbol{b})^T&\boldsymbol{x}^T\\\boldsymbol{Ax}+\boldsymbol{b}&t\boldsymbol{I}&\boldsymbol{0}\\\boldsymbol{x}&\boldsymbol{0}&\boldsymbol{0}\end{bmatrix}\begin{bmatrix}s\\\boldsymbol{v}\\\boldsymbol{u}\end{bmatrix}\geqslant 0,\\&\qquad\forall\begin{bmatrix}s\\\boldsymbol{v}\\\boldsymbol{u}\end{bmatrix}^T\begin{bmatrix}\boldsymbol{0}&\boldsymbol{0}&\boldsymbol{0}\\\boldsymbol{0}&-\boldsymbol{PP}^T&\boldsymbol{0}\\\boldsymbol{0}&\boldsymbol{0}&\boldsymbol{I}\end{bmatrix}\begin{bmatrix}s\\\boldsymbol{v}\\\boldsymbol{u}\end{bmatrix}\leqslant 0.\end{aligned} \tag{6.22}$$

利用齐次的 $S$ 引理（即定理 5.2.2，易见内点条件成立，例如，取 $\boldsymbol{u}=\boldsymbol{0}$ 和 $\boldsymbol{v}$ 使得 $\boldsymbol{P}^T\boldsymbol{v}\neq\boldsymbol{0}$），可知存在 $\lambda\geqslant 0$ 使得

$$\begin{bmatrix}t&(\boldsymbol{Ax}+\boldsymbol{b})^T&\boldsymbol{x}^T\\\boldsymbol{Ax}+\boldsymbol{b}&t\boldsymbol{I}&\boldsymbol{0}\\\boldsymbol{x}&\boldsymbol{0}&\boldsymbol{0}\end{bmatrix}+\lambda\begin{bmatrix}\boldsymbol{0}&\boldsymbol{0}&\boldsymbol{0}\\\boldsymbol{0}&-\boldsymbol{PP}^T&\boldsymbol{0}\\\boldsymbol{0}&\boldsymbol{0}&\boldsymbol{I}\end{bmatrix}\succeq\boldsymbol{0}. \tag{6.23}$$

即式(6.10). 由于式(6.10)可推出 $\lambda\geqslant 0$，所以条件 $\lambda\geqslant 0$ 可改为 $\lambda\in\mathbb{R}$. □

下面介绍另一类型的鲁棒二阶锥约束. 假设

$$[\boldsymbol{A},\ \boldsymbol{b}] = [\boldsymbol{A}_0,\ \boldsymbol{b}_0] + \sum_{l=1}^{L} \zeta_l [\boldsymbol{A}_l,\ \boldsymbol{b}_l],\quad \|\boldsymbol{\zeta}\| \leqslant 1. \tag{6.24}$$

于是,

$$\boldsymbol{A}\boldsymbol{x} + \boldsymbol{b} = \boldsymbol{A}_0\boldsymbol{x} + \boldsymbol{b}_0 + \sum_{l=1}^{L} \zeta_l(\boldsymbol{A}_l\boldsymbol{x} + \boldsymbol{b}_l) = \boldsymbol{A}_0\boldsymbol{x} + \boldsymbol{b}_0 + \boldsymbol{L}^T(\boldsymbol{x})\boldsymbol{\zeta} R. \tag{6.25}$$

其中, $R = 1$ 及

$$\boldsymbol{L}^T(\boldsymbol{x}) = [\boldsymbol{A}_1\boldsymbol{x} + \boldsymbol{b}_1,\ \cdots,\ \boldsymbol{A}_L\boldsymbol{x} + \boldsymbol{b}_L]. \tag{6.26}$$

当扰动向量 $\boldsymbol{\zeta}$ 推广至矩阵 $\boldsymbol{\Delta}$ 时, 式(6.25)可以写为

$$\boldsymbol{A}\boldsymbol{x} + \boldsymbol{b} = \boldsymbol{A}_0\boldsymbol{x} + \boldsymbol{b}_0 + \boldsymbol{L}^T(\boldsymbol{x})\boldsymbol{\Delta}\boldsymbol{r}, \tag{6.27}$$

这里 $\boldsymbol{r}$ 是一常数向量.

考虑以下鲁棒二阶锥约束:

$$\|\boldsymbol{A}\boldsymbol{x} + \boldsymbol{b}\| = \|\boldsymbol{A}_0\boldsymbol{x} + \boldsymbol{b}_0 + \boldsymbol{L}^T(\boldsymbol{x})\boldsymbol{\Delta}\boldsymbol{r}\| \leqslant t,\quad \forall \boldsymbol{\Delta}:\ \|\boldsymbol{\Delta}\| \leqslant 1. \tag{6.28}$$

令

$$\boldsymbol{y}_0 = \boldsymbol{A}_0\boldsymbol{x} + \boldsymbol{b}_0. \tag{6.29}$$

则式(6.28)可以化为

$$\begin{bmatrix} t & \boldsymbol{y}_0^T + \boldsymbol{r}^T\boldsymbol{\Delta}^T\boldsymbol{L}(\boldsymbol{x}) \\ \boldsymbol{y}_0 + \boldsymbol{L}^T(\boldsymbol{x})\boldsymbol{\Delta}\boldsymbol{r} & t\boldsymbol{I} \end{bmatrix} \succeq \boldsymbol{0},\quad \forall \boldsymbol{\Delta}:\ \|\boldsymbol{\Delta}\| \leqslant 1. \tag{6.30}$$

上述鲁棒二阶锥约束可以等价地用单一的线性矩阵不等式刻画.

**定理 6.1.2** 半无穷约束(6.28)等价于存在 $\lambda \in \mathbb{R}$ 使得

$$\begin{bmatrix} t\boldsymbol{I} & \boldsymbol{L}^T(\boldsymbol{x}) & \boldsymbol{y}_0 \\ \boldsymbol{L}(\boldsymbol{x}) & \lambda\boldsymbol{I} & \boldsymbol{0} \\ \boldsymbol{y}_0^T & \boldsymbol{0} & t - \lambda\boldsymbol{r}^T\boldsymbol{r} \end{bmatrix} \succeq \boldsymbol{0}. \tag{6.31}$$

**证明**：由于式(6.28)等同于式(6.30)，因此只需证明式(6.30)与式(6.31) 互相等价. 显然，由式(6.30)可得

$$\begin{bmatrix} s \\ \boldsymbol{v} \end{bmatrix}^T \begin{bmatrix} t & \boldsymbol{y}_0^T + \boldsymbol{r}^T\boldsymbol{\Delta}^T\boldsymbol{L}(\boldsymbol{x}) \\ \boldsymbol{y}_0 + \boldsymbol{L}^T(\boldsymbol{x})\boldsymbol{\Delta}\boldsymbol{r} & t\boldsymbol{I} \end{bmatrix} \begin{bmatrix} s \\ \boldsymbol{v} \end{bmatrix} \geqslant 0,$$
$$\forall s,\ \boldsymbol{v},\ \forall \boldsymbol{\Delta}:\ \|\boldsymbol{\Delta}\| \leqslant 1. \tag{6.32}$$

亦即

$$ts^2 + 2s\boldsymbol{v}^T(\boldsymbol{y}_0 + \boldsymbol{L}^T(\boldsymbol{x})\boldsymbol{\Delta}\boldsymbol{r}) + t\boldsymbol{v}^T\boldsymbol{v} \geqslant 0,\ \forall s,\ \boldsymbol{v},\ \forall \|\boldsymbol{\Delta}\| \leqslant 1. \tag{6.33}$$

上述不等式进一步等价于

$$ts^2 + 2s\boldsymbol{v}^T\boldsymbol{y}_0 + t\boldsymbol{v}^T\boldsymbol{v} + 2\min_{\|\boldsymbol{\Delta}\|\leqslant 1} s(\boldsymbol{L}(\boldsymbol{x})\boldsymbol{v})^T\boldsymbol{\Delta}\boldsymbol{r} \geqslant 0,\ \forall s,\ \boldsymbol{v}. \tag{6.34}$$

根据式(6.8)，式(6.34)化为

$$ts^2 + 2s\boldsymbol{v}^T\boldsymbol{y}_0 + t\boldsymbol{v}^T\boldsymbol{v} - 2\|\boldsymbol{L}(\boldsymbol{x})\boldsymbol{v}\|\|s\boldsymbol{r}\| \geqslant 0,\ \forall s,\ \boldsymbol{v}. \tag{6.35}$$

由式(6.19)可得

$$ts^2 + 2s\boldsymbol{v}^T\boldsymbol{y}_0 + t\boldsymbol{v}^T\boldsymbol{v} + 2(\boldsymbol{L}(\boldsymbol{x})\boldsymbol{v})^T\boldsymbol{u} \geqslant 0,\ \forall s,\ \boldsymbol{v},\ \forall \boldsymbol{u}^T\boldsymbol{u} \leqslant s^2\boldsymbol{r}^T\boldsymbol{r}, \tag{6.36}$$

即

$$\begin{bmatrix} \boldsymbol{v} \\ \boldsymbol{u} \\ s \end{bmatrix}^T \begin{bmatrix} t\boldsymbol{I} & \boldsymbol{L}^T(\boldsymbol{x}) & \boldsymbol{y}_0 \\ \boldsymbol{L}(\boldsymbol{x}) & \boldsymbol{0} & \boldsymbol{0} \\ \boldsymbol{y}_0^T & \boldsymbol{0} & t \end{bmatrix} \begin{bmatrix} \boldsymbol{v} \\ \boldsymbol{u} \\ s \end{bmatrix} \geqslant 0,$$
$$\forall \begin{bmatrix} \boldsymbol{v} \\ \boldsymbol{u} \\ s \end{bmatrix}^T \begin{bmatrix} \boldsymbol{0} & \boldsymbol{0} & \boldsymbol{0} \\ \boldsymbol{0} & \boldsymbol{I} & \boldsymbol{0} \\ \boldsymbol{0} & \boldsymbol{0} & -\boldsymbol{r}^T\boldsymbol{r} \end{bmatrix} \begin{bmatrix} \boldsymbol{v} \\ \boldsymbol{u} \\ s \end{bmatrix} \leqslant 0. \tag{6.37}$$

利用齐次的 $S$ 引理（定理 5.2.2)，上述不等式等同于存在 $\lambda \geqslant 0$ 使得式(6.31)成立. 由于式(6.31)意味着 $\lambda \geqslant 0$，因此定理得证. □

类似式(6.27)，假设

$$\boldsymbol{A}\boldsymbol{x}+\boldsymbol{b}=\boldsymbol{A}_0\boldsymbol{x}+\boldsymbol{b}_0+\boldsymbol{L}\boldsymbol{\Delta}\boldsymbol{r}(\boldsymbol{x}). \tag{6.38}$$

其中，$\boldsymbol{L}$ 是常数矩阵，$\boldsymbol{r}(\boldsymbol{x})$ 是 $\boldsymbol{x}$ 的仿射函数. 那么下列半无穷约束

$$\|\boldsymbol{A}_0\boldsymbol{x}+\boldsymbol{b}_0+\boldsymbol{L}\boldsymbol{\Delta}\boldsymbol{r}(\boldsymbol{x})\|\leqslant t，\ \forall\boldsymbol{\Delta}：\|\boldsymbol{\Delta}\|\leqslant 1， \tag{6.39}$$

也有一个等价的线性矩阵不等式表示.

**定理 6.1.3** 半无穷约束(6.39)等价于存在 $\lambda\in\mathbb{R}$ 使得

$$\begin{bmatrix} t\boldsymbol{I}-\lambda\boldsymbol{L}^T\boldsymbol{L} & \boldsymbol{0} & \boldsymbol{y}_0 \\ \boldsymbol{0} & \lambda\boldsymbol{I} & \boldsymbol{r}(\boldsymbol{x}) \\ \boldsymbol{y}_0^T & \boldsymbol{r}^T(\boldsymbol{x}) & t \end{bmatrix}\succeq\boldsymbol{0}. \tag{6.40}$$

其中，$\boldsymbol{y}_0=\boldsymbol{A}_0\boldsymbol{x}+\boldsymbol{b}_0$.

### 6.1.3 鲁棒线性矩阵不等式

假设仿射矩阵值函数

$$\boldsymbol{C}(\boldsymbol{x})=\begin{bmatrix} a(\boldsymbol{x}) & \boldsymbol{a}^T(\boldsymbol{x}) \\ \boldsymbol{a}(\boldsymbol{x}) & \boldsymbol{A}(\boldsymbol{x}) \end{bmatrix} \tag{6.41}$$

$$=\begin{bmatrix} a_0 & \boldsymbol{a}_0^T \\ \boldsymbol{a}_0 & \boldsymbol{A}_0 \end{bmatrix}+x_1\begin{bmatrix} a_1 & \boldsymbol{a}_1^T \\ \boldsymbol{a}_1 & \boldsymbol{A}_1 \end{bmatrix}+\cdots+x_N\begin{bmatrix} a_N & \boldsymbol{a}_N^T \\ \boldsymbol{a}_N & \boldsymbol{A}_N \end{bmatrix}\in\mathcal{S}^{M+1} \tag{6.42}$$

与

$$\boldsymbol{B}(\boldsymbol{x})=\boldsymbol{B}_0+x_1\boldsymbol{B}_1+\cdots+x_N\boldsymbol{B}_N\in\mathbb{R}^{M\times L_1}. \tag{6.43}$$

其中，$\boldsymbol{x}\in\mathbb{R}^N$ 及 $\boldsymbol{A}(\boldsymbol{x})\in\mathcal{S}^M$. 设扰动矩阵 $\boldsymbol{\zeta}\in\mathbb{R}^{L_1\times L_2}$，$\boldsymbol{R}\in\mathbb{R}^{L_2\times(M+1)}$ 是常数矩阵. 令 $\boldsymbol{L}(\boldsymbol{x})=[\boldsymbol{0}，\boldsymbol{B}^T(\boldsymbol{x})]\in\mathbb{R}^{L_1\times(M+1)}$. 定义

$$\boldsymbol{D}(\boldsymbol{x}，\boldsymbol{\zeta})=\boldsymbol{C}(\boldsymbol{x})+\boldsymbol{L}^T(\boldsymbol{x})\boldsymbol{\zeta}\boldsymbol{R}+\boldsymbol{R}^T\boldsymbol{\zeta}^T\boldsymbol{L}(\boldsymbol{x}) \tag{6.44}$$

$$=\boldsymbol{C}(\boldsymbol{x})+\begin{bmatrix} \boldsymbol{0} \\ \boldsymbol{B}(\boldsymbol{x})\boldsymbol{\zeta}\boldsymbol{R} \end{bmatrix}+[\boldsymbol{0}，\boldsymbol{R}^T\boldsymbol{\zeta}^T\boldsymbol{B}^T(\boldsymbol{x})]. \tag{6.45}$$

考虑以下关于 $\boldsymbol{x}$ 的鲁棒线性矩阵不等式问题

$$\boldsymbol{D}(\boldsymbol{x},\ \boldsymbol{\zeta}) = \boldsymbol{C}(\boldsymbol{x}) + \boldsymbol{L}^T(\boldsymbol{x})\boldsymbol{\zeta}\boldsymbol{R} + \boldsymbol{R}^T\boldsymbol{\zeta}^T\boldsymbol{L}(\boldsymbol{x}) \succeq \boldsymbol{0},\quad \forall\|\boldsymbol{\zeta}\| \leqslant 1. \tag{6.46}$$

它等价于单一的线性矩阵不等式，结论总结如下.

**定理 6.1.4**　鲁棒线性矩阵不等式(6.46)等价于以下关于 $\boldsymbol{x}$ 与 $\lambda$ 的线性矩阵不等式

$$\begin{bmatrix} \lambda\boldsymbol{I} & \boldsymbol{L}(\boldsymbol{x}) \\ \boldsymbol{L}^T(\boldsymbol{x}) & \boldsymbol{C}(\boldsymbol{x}) - \lambda\boldsymbol{R}^T\boldsymbol{R} \end{bmatrix} \succeq \boldsymbol{0}. \tag{6.47}$$

**证明：** 由式(6.46)可得

$$\boldsymbol{w}^T(\boldsymbol{C}(\boldsymbol{x}) + \boldsymbol{L}^T(\boldsymbol{x})\boldsymbol{\zeta}\boldsymbol{R} + \boldsymbol{R}^T\boldsymbol{\zeta}^T\boldsymbol{L}(\boldsymbol{x}))\boldsymbol{w} \geqslant 0,\quad \forall\boldsymbol{w},\quad \forall\|\boldsymbol{\zeta}\| \leqslant 1. \tag{6.48}$$

即

$$\boldsymbol{w}^T\boldsymbol{C}(\boldsymbol{x})\boldsymbol{w} + 2\min_{\|\boldsymbol{\zeta}\|\leqslant 1} \boldsymbol{w}^T\boldsymbol{L}^T(\boldsymbol{x})\boldsymbol{\zeta}\boldsymbol{R}\boldsymbol{w} \geqslant 0,\quad \forall\boldsymbol{w}. \tag{6.49}$$

根据式(6.8)，上述不等式可化为

$$\boldsymbol{w}^T\boldsymbol{C}(\boldsymbol{x})\boldsymbol{w} - 2\|\boldsymbol{L}(\boldsymbol{x})\boldsymbol{w}\|\|\boldsymbol{R}\boldsymbol{w}\| \geqslant 0,\quad \forall\boldsymbol{w}. \tag{6.50}$$

类似式(6.19)，则有

$$\boldsymbol{w}^T\boldsymbol{C}(\boldsymbol{x})\boldsymbol{w} + 2\boldsymbol{v}^T\boldsymbol{L}(\boldsymbol{x})\boldsymbol{w} \geqslant 0,\quad \forall\boldsymbol{v}^T\boldsymbol{v} \leqslant \boldsymbol{w}^T\boldsymbol{R}^T\boldsymbol{R}\boldsymbol{w}. \tag{6.51}$$

由齐次的 $S$ 引理（定理 5.2.2）可知，存在 $\lambda \geqslant 0$ 使得

$$\begin{bmatrix} \boldsymbol{0} & \boldsymbol{L}(\boldsymbol{x}) \\ \boldsymbol{L}^T(\boldsymbol{x}) & \boldsymbol{C}(\boldsymbol{x}) \end{bmatrix} + \lambda\begin{bmatrix} \boldsymbol{I} & \boldsymbol{0} \\ \boldsymbol{0} & -\boldsymbol{R}^T\boldsymbol{R} \end{bmatrix} \succeq \boldsymbol{0}. \tag{6.52}$$

亦即以下线性矩阵不等式

$$\begin{bmatrix} \lambda\boldsymbol{I} & \boldsymbol{L}(\boldsymbol{x}) \\ \boldsymbol{L}^T(\boldsymbol{x}) & \boldsymbol{C}(\boldsymbol{x}) - \lambda\boldsymbol{R}^T\boldsymbol{R} \end{bmatrix} \succeq \boldsymbol{0}. \tag{6.53}$$

□

## 6.2 多用户通信中的鲁棒下行波束形成向量设计

假设安装有天线阵列的基站用同一频率给多个用户发射各自的信号，每个用户只含有单个接收天线. 这是一个多用户多入单出的下行通信系统. 基站为每个用户设计一个最优波束形成向量，使得每个用户可以收到自己的信号，同时用户间的同频干扰得到抑制. 换言之，每个用户的信干噪比必须达到一个门槛值（保证服务质量）.

一个基本的最优波束形成问题是极小化基站发射总功率使得用户信干噪比约束得到满足. 但是，为了计算信干噪比，基站需要知道它到每个用户之间准确的信道状态信息（信道向量）. 在频分双工下行系统（见文献 [31]）中，基站发射训练信号给用户，用户则估计信道参数并向基站发送估计信道向量的量化版本，从而使基站获得信道状态信息. 尽管如此，基站获得的是信道向量的估计值. 因此，计算信干噪比得到的值是估计值. 为了把信道向量估计值的不准确性考虑在内，须建立鲁棒最优下行波束形成问题.

### 6.2.1 信号模型

考虑 $K$ 个用户多入单出的下行通信系统，基站安装有 $N$ 个天线阵元的天线阵列. 发射信号是波束形成向量的线性组合 $\boldsymbol{x}=\sum_{k=1}^{K}\boldsymbol{w}_k s_k$，其中 $s_k$ 是发送给用户 $k$ 功率为 1 的信号（随机变量），$\boldsymbol{w}_k$ 是对应于用户 $k$ 的波束形成向量. 因此，用户 $k$ 收到的信号是

$$y_k=\boldsymbol{h}_k^H\boldsymbol{w}_k s_k+\sum_{i=1,\ i\neq k}^{K}\boldsymbol{h}_k^H\boldsymbol{w}_i s_i+n_k, \tag{6.54}$$

其中，$\boldsymbol{h}_k\in\mathbb{C}^N$ 为基站到用户 $k$ 的信道向量；$n_k$ 为用户端的噪声且服从期望为零、方差为 $\sigma_k^2$ 的复数值正态分布（见文献 [18]）. 式(6.54)中，等式右边第一项是用户 $k$ 的有用信号，第二项是其他同频率用户引起的干扰项.

假设用户信号 $\{s_k\}$ 和噪声 $n_k$ 是相互无关的，并且信道向量是已知的. 那

么用户 $k$ 的信干噪比可定义如下

$$\mathrm{SINR}_k = \frac{|\boldsymbol{h}_k^H \boldsymbol{w}_k|^2}{\sum\limits_{i=1,\ i\neq k}^{K} |\boldsymbol{h}_k^H \boldsymbol{w}_i|^2 + \sigma_k^2} \tag{6.55}$$

$$= \frac{\boldsymbol{w}_k^H \boldsymbol{h}_k \boldsymbol{h}_k^H \boldsymbol{w}_k}{\sum\limits_{i=1,\ i\neq k}^{K} \boldsymbol{w}_i^H \boldsymbol{h}_k \boldsymbol{h}_k^H \boldsymbol{w}_i + \sigma_k^2}. \tag{6.56}$$

这里，$\mathrm{SINR}_k$ 越大，则基站提供给用户 $k$ 的服务质量越高. 因此，信干噪比约束是指对任意的 $k$，$\mathrm{SINR}_k \geqslant \gamma_k$. 其中，$\gamma_k$ 是给定的最低门槛值. 这个约束也称为服务质量约束. 假设波束形成优化问题的目标是使基站的发射总功率最小化，则该最优化问题可描述为

$$\begin{aligned} \min \quad & \sum_{k=1}^{K} \boldsymbol{w}_k^H \boldsymbol{w}_k \\ \text{s.t.} \quad & \mathrm{SINR}_k \geqslant \gamma_k, \quad k = 1,\ 2,\ \cdots,\ K. \end{aligned} \tag{6.57}$$

将其约束展开后，可得

$$\begin{aligned} \min \quad & \sum_{k=1}^{K} \boldsymbol{w}_k^H \boldsymbol{w}_k \\ \text{s.t.} \quad & \frac{|\boldsymbol{h}_k^H \boldsymbol{w}_k|^2}{\gamma_k} \geqslant \sum_{i\neq k} |\boldsymbol{h}_k^H \boldsymbol{w}_i|^2 + \sigma_k^2, \quad k = 1,\ 2,\ \cdots,\ K. \end{aligned} \tag{6.58}$$

亦即

$$\begin{aligned} \min \quad & \sum_{k=1}^{K} \boldsymbol{w}_k^H \boldsymbol{w}_k \\ \text{s.t.} \quad & \boldsymbol{h}_k^H \left( \frac{\boldsymbol{w}_k \boldsymbol{w}_k^H}{\gamma_k} - \sum_{i\neq k} \boldsymbol{w}_i \boldsymbol{w}_i^H \right) \boldsymbol{h}_k \geqslant \sigma_k^2, \quad k = 1,\ 2,\ \cdots,\ K. \end{aligned} \tag{6.59}$$

通过相位旋转的技巧，问题(6.58)可化为以下二阶锥规划问题

$$\begin{aligned} \min \quad & \sum_{k=1}^{K} \boldsymbol{w}_k^H \boldsymbol{w}_k \\ \text{s.t.} \quad & \frac{\Re(\boldsymbol{h}_k^H \boldsymbol{w}_k)}{\sqrt{\gamma_k}} \geqslant \sqrt{\sum_{i\neq k} |\boldsymbol{h}_k^H \boldsymbol{w}_i|^2 + \sigma_k^2}, \quad k = 1,\ 2,\ \cdots,\ K. \end{aligned} \tag{6.60}$$

因此，问题 (6.59)、问题 (6.60) 均与最优波束形成问题 (6.57) 等价. 换言之，问题 (6.57) 是个凸问题. 本节将主要讨论问题 (6.59).

### 6.2.2 复变量 $S$ 引理在鲁棒最优下行波束形成问题中的应用

基站需要求解最优下行波束形成问题(6.59)，从而获得分配给每个用户的波束形成向量. 由于基站仅知道实际信道向量$\boldsymbol{h}_k$ 的估计值 $\hat{\boldsymbol{h}}_k$，因此，它只能用 $\hat{\boldsymbol{h}}_k$ 计算 $\mathrm{SINR}_k$（估计值），并求解问题(6.59). 但是，这样获得的波束形成向量有时不能满足使用实际信道向量的条件 $\mathrm{SINR}_k \geqslant \gamma_k$，所以无法满足实际的服务质量约束. 在这种情况下，需考虑鲁棒最优下行波束形成问题，即以下问题

$$\begin{aligned}
\min \quad & \sum_{k=1}^{K} \boldsymbol{w}_k^H \boldsymbol{w}_k \\
\text{s.t.} \quad & \boldsymbol{h}_k^H \left( \frac{\boldsymbol{w}_k \boldsymbol{w}_k^H}{\gamma_k} - \sum_{i \neq k} \boldsymbol{w}_i \boldsymbol{w}_i^H \right) \boldsymbol{h}_k \geqslant \sigma_k^2, \quad \boldsymbol{h}_k \in \mathcal{R}_k, \quad k = 1, 2, \cdots, K.
\end{aligned} \tag{6.61}$$

其中，$\mathcal{R}_k$ 是实际信道向量$\boldsymbol{h}_k$ 所在的范围. 常见的集合 $\mathcal{R}_k$ 包括 $\{\boldsymbol{h}_k \mid \|\boldsymbol{h}_k - \hat{\boldsymbol{h}}_k\| \leqslant \epsilon\}$ 等.

在频分双工下行系统中，基站发射训练信号给用户，而用户基于训练信号，估计信道向量，量化信道的增益和方向. 具体而言，假设用户能准确地估计信道 $\tilde{\boldsymbol{h}}_k$，并高精度地量化增益 $\sqrt{\alpha_k} = \|\tilde{\boldsymbol{h}}_k\|$. 同时用户量化方向 $\tilde{\boldsymbol{h}}_{n_k} = \tilde{\boldsymbol{h}}_k / \|\tilde{\boldsymbol{h}}_k\|$，且使用格拉斯曼码书（见文献 [32]）确定信道方向. 换言之，码书元素 $\boldsymbol{h}_{q_k} = \arg\max_{\boldsymbol{v} \in \mathcal{C}} |\tilde{\boldsymbol{h}}_{n_k}^H \boldsymbol{v}|$ 视为信道方向. 其中，$\mathcal{C} = \{\boldsymbol{v}_1, \cdots, \boldsymbol{v}_M\} \subset \mathbb{C}^N$ 是具有 $M$ 个元素的格拉斯曼码书集合，且满足 $\|\boldsymbol{v}_m\| = 1$，$m = 1, 2, \cdots, M$. 因此，基站得到的信道估计值为 $\sqrt{\alpha_k}\boldsymbol{h}_{q_k}$. 基于此，实际信道模型可以设为

$$\boldsymbol{h}_k = \sqrt{\alpha_k}(\boldsymbol{h}_{q_k} + \boldsymbol{e}_k), \quad k = 1, 2, \cdots, K. \tag{6.62}$$

其中，$\boldsymbol{e}_k$ 代表信道方向量化误差，且满足：

$$\boldsymbol{e}_k \in \mathcal{E}_k = \{\boldsymbol{e}_k \in \mathbb{C}^N \mid \|\boldsymbol{e}_k\| \leqslant \epsilon_k, \ \|\boldsymbol{h}_{q_k} + \boldsymbol{e}_k\| = 1\}, \ k = 1, 2, \cdots, K. \tag{6.63}$$

式中，$\mathcal{E}_k$ 代表误差集合.

结合式(6.62)与式(6.63)可知，实际信道向量$\boldsymbol{h}_k$ 所在的不确定集合是

$$\mathcal{R}_k=\{\boldsymbol{h}_k \mid \|\boldsymbol{h}_k-\sqrt{\alpha_k}\boldsymbol{h}_{q_k}\|\leqslant\sqrt{\alpha_k}\epsilon_k，\ \|\boldsymbol{h}_k\|=\sqrt{\alpha_k}\}，\ k=1，2，\cdots，K. \tag{6.64}$$

换言之，实际信道向量 $\boldsymbol{h}_k$ 满足

$$\|\boldsymbol{h}_k\|^2-2\sqrt{\alpha_k}\Re(\boldsymbol{h}_k^H\boldsymbol{h}_{q_k})+\alpha_k(1-\epsilon_k^2)\leqslant 0， \tag{6.65}$$

与

$$\|\boldsymbol{h}_k\|^2-\alpha_k=0，\ k=1，2，\cdots，K. \tag{6.66}$$

这里注意 $\|\boldsymbol{h}_{q_k}\|=1$. 所以，鲁棒最优下行波束形成问题(6.61)的约束可以改写为对所有的 $\boldsymbol{h}_k$ 满足式(6.65)与式(6.66)，均有

$$\boldsymbol{h}_k^H\boldsymbol{Q}_k\boldsymbol{h}_k-\sigma_k^2\geqslant 0，\ k=1，2，\cdots，K. \tag{6.67}$$

其中，

$$\boldsymbol{Q}_k=\boldsymbol{w}_k\boldsymbol{w}_k^H/\gamma_k-\sum_{i\neq k}\boldsymbol{w}_i\boldsymbol{w}_i^H. \tag{6.68}$$

由于 $\mathcal{R}_k$ 具有内点 $\sqrt{\alpha_k}\boldsymbol{h}_{q_k}$，于是根据含等式与不等式约束的复变量 $S$ 引理（定理 5.4.1)，即知存在 $\lambda_k\leqslant 0$ 和 $\mu_k$ 使得

$$\begin{bmatrix}\boldsymbol{Q}_k & \boldsymbol{0}\\ \boldsymbol{0} & -\sigma_k^2\end{bmatrix}-\lambda_k\begin{bmatrix}\boldsymbol{I} & -\sqrt{\alpha_k}\boldsymbol{h}_{q_k}\\ -\sqrt{\alpha_k}\boldsymbol{h}_{q_k}^H & \alpha_k(1-\epsilon_k^2)\end{bmatrix}-\mu_k\begin{bmatrix}\boldsymbol{I} & \boldsymbol{0}\\ \boldsymbol{0} & -\alpha_k\end{bmatrix}\succeq\boldsymbol{0}， \tag{6.69}$$

$k=1，2，\cdots，K$. 亦即 $\{\boldsymbol{w}_k\}$ 满足以下二次矩阵不等式

$$\begin{bmatrix}\boldsymbol{Q}_k-\lambda_k\boldsymbol{I}-\mu_k\boldsymbol{I} & \lambda_k\sqrt{\alpha_k}\boldsymbol{h}_{q_k}\\ \lambda_k\sqrt{\alpha_k}\boldsymbol{h}_{q_k}^H & -\sigma_k^2+\lambda_k\alpha_k(\epsilon_k^2-1)+\mu_k\alpha_k\end{bmatrix}\succeq\boldsymbol{0}. \tag{6.70}$$

因此，问题(6.61)等价于以下二次矩阵不等式问题

$$\begin{aligned}
\min \quad & \sum_{k=1}^{K} \boldsymbol{w}_k^H \boldsymbol{w}_k \\
\text{s.t.} \quad & \begin{bmatrix} \boldsymbol{Q}_k - \lambda_k \boldsymbol{I} - \mu_k \boldsymbol{I} & \lambda_k \sqrt{\alpha_k} \boldsymbol{h}_{q_k} \\ \lambda_k \sqrt{\alpha_k} \boldsymbol{h}_{q_k}^H & -\sigma_k^2 + \lambda_k \alpha_k (\epsilon_k^2 - 1) + \mu_k \alpha_k \end{bmatrix} \succeq \boldsymbol{0}, \\
& \lambda_k \leqslant 0, \ \mu_k \in \mathbb{R}, \ k = 1, 2, \cdots, K.
\end{aligned} \tag{6.71}$$

其半正定松弛问题则是

$$\begin{aligned}
\min \quad & \sum_{k=1}^{K} \operatorname{tr} \boldsymbol{W}_k \\
\text{s.t.} \quad & \begin{bmatrix} \boldsymbol{P}_k - \lambda_k \boldsymbol{I} - \mu_k \boldsymbol{I} & \lambda_k \sqrt{\alpha_k} \boldsymbol{h}_{q_k} \\ \lambda_k \sqrt{\alpha_k} \boldsymbol{h}_{q_k}^H & -\sigma_k^2 + \lambda_k \alpha_k (\epsilon_k^2 - 1) + \mu_k \alpha_k \end{bmatrix} \succeq \boldsymbol{0}, \\
& \boldsymbol{W}_k \succeq \boldsymbol{0}, \ \lambda_k \leqslant 0, \ \mu_k \in \mathbb{R}, \ k = 1, 2, \cdots, K.
\end{aligned} \tag{6.72}$$

其中，

$$\boldsymbol{P}_k = \frac{\boldsymbol{W}_k}{\gamma_k} - \sum_{i \neq k} \boldsymbol{W}_i, \quad k = 1, 2, \cdots, K. \tag{6.73}$$

如果上述半正定松弛问题具有秩一解 $\{\boldsymbol{w}_k^* \boldsymbol{w}_k^{*H}\}$，则 $\{\boldsymbol{w}_k^*\}$ 是原来二次矩阵不等式问题的最优解. 否则，需要利用其他办法求解，例如，可以考虑在式(6.72)中加入一些有效的凸约束使得新的松弛问题仍然是紧的.

## 6.3 无线认知网络中的鲁棒次级发射波束形成设计

假设无线认知网络含有 $L$ 个单天线主级用户，他们是某一频谱持有者. 同时，该网络也包含一个多天线次级发射器（基站）和 $K$ 个单天线次级接收者（次级用户）. 基站为了服务次级用户，与主级用户共享频谱. 因此，基站在发射信号时，既要满足次级用户的服务质量，又要对主级用户的干扰降至可以接受的水准（见文献 [33]）.

### 6.3.1 信号模型

设基站安装有一个 $N$ 个阵元的天线阵列. 与 6.2节类似，它的发射信号为

$\boldsymbol{x}=\sum\limits_{k=1}^{K}\boldsymbol{w}_k s_k$. 其中，$s_k$ 是带有信息的信号，且功率为 1；$\boldsymbol{w}_k$ 是对应于次级用户$k$ 的波束形成向量. 次级用户$k$ 收到基站传来的信号为

$$y_k=\boldsymbol{h}_k^H\boldsymbol{x}+n_k=\sum_{k=1}^{K}\boldsymbol{h}_k^H\boldsymbol{w}_k s_k+n_k. \tag{6.74}$$

其中，$\boldsymbol{h}_k$ 为基站到用户 $k$ 间的信道向量；$n_k$ 为用户端的高斯噪声且均值为零，方差为 $\sigma_k^2$. 因此，次级用户$k$ 的信干噪比为

$$\text{SINR}_k=\frac{\boldsymbol{w}_k^H\boldsymbol{h}_k\boldsymbol{h}_k^H\boldsymbol{w}_k}{\sum\limits_{i=1,\ i\neq k}^{K}\boldsymbol{w}_i^H\boldsymbol{h}_k\boldsymbol{h}_k^H\boldsymbol{w}_i+\sigma_k^2}. \tag{6.75}$$

假设基站到主级用户$l$ 之间的信道向量为 $\boldsymbol{g}_l$，则主级用户$l$ 的接收功率为

$$\sum_{k=1}^{K}|\boldsymbol{g}_l^H\boldsymbol{w}_k|^2=\boldsymbol{g}_l^H(\boldsymbol{w}_1\boldsymbol{w}_1^H+\cdots+\boldsymbol{w}_K\boldsymbol{w}_K^H)\boldsymbol{g}_l. \tag{6.76}$$

实际上，这是对主级用户的干扰功率. 那么，发射总功率极小化的最优波束形成问题可以建模为

$$\begin{aligned}\min\quad&\sum_{k=1}^{K}\boldsymbol{w}_k^H\boldsymbol{w}_k\\ \text{s.t.}\quad&\text{SINR}_k\geqslant\gamma_k,\ k=1,\ 2,\ \cdots,\ K\\ &\sum_{k=1}^{K}|\boldsymbol{g}_l^H\boldsymbol{w}_k|^2\leqslant\eta_l,\ l=1,\ 2,\ \cdots,\ L.\end{aligned} \tag{6.77}$$

这里，$\eta_l$ 代表主级用户$l$ 可以忍受干扰的上界. 将式(6.75)代入问题(6.77)，得

$$\begin{aligned}\min\quad&\sum_{k=1}^{K}\boldsymbol{w}_k^H\boldsymbol{w}_k\\ \text{s.t.}\quad&\frac{|\boldsymbol{h}_k^H\boldsymbol{w}_k|^2}{\gamma_k}\geqslant\sum_{i\neq k}|\boldsymbol{h}_k^H\boldsymbol{w}_i|^2+\sigma_k^2,\ k=1,\ 2,\ \cdots,\ K\\ &\boldsymbol{g}_l^H(\boldsymbol{w}_1\boldsymbol{w}_1^H+\cdots+\boldsymbol{w}_K\boldsymbol{w}_K^H)\boldsymbol{g}_l\leqslant\eta_l,\ l=1,\ 2,\ \cdots,\ L.\end{aligned} \tag{6.78}$$

亦即

$$\begin{aligned}\min \quad & \sum_{k=1}^{K} \boldsymbol{w}_k^H \boldsymbol{w}_k \\ \text{s.t.} \quad & \boldsymbol{h}_k^H \left( \frac{\boldsymbol{w}_k \boldsymbol{w}_k^H}{\gamma_k} - \sum_{i \neq k} \boldsymbol{w}_i \boldsymbol{w}_i^H \right) \boldsymbol{h}_k \geqslant \sigma_k^2, \quad k = 1, 2, \cdots, K \\ & \boldsymbol{g}_l^H (\boldsymbol{w}_1 \boldsymbol{w}_1^H + \cdots + \boldsymbol{w}_K \boldsymbol{w}_K^H) \boldsymbol{g}_l \leqslant \eta_l, \quad l = 1, 2, \cdots, L.\end{aligned} \tag{6.79}$$

由问题(6.78)可知，该最优波束形成问题可等价地改写为以下二阶锥规划问题

$$\begin{aligned}\min \quad & \sum_{k=1}^{K} \boldsymbol{w}_k^H \boldsymbol{w}_k \\ \text{s.t.} \quad & \frac{\Re(\boldsymbol{h}_k^H \boldsymbol{w}_k)}{\sqrt{\gamma_k}} \geqslant \sqrt{\sum_{i \neq k} |\boldsymbol{h}_k^H \boldsymbol{w}_i|^2 + \sigma_k^2}, \quad k = 1, 2, \cdots, K \\ & \sqrt{\boldsymbol{g}_l^H (\boldsymbol{w}_1 \boldsymbol{w}_1^H + \cdots + \boldsymbol{w}_K \boldsymbol{w}_K^H) \boldsymbol{g}_l} \leqslant \sqrt{\eta_l}, \quad l = 1, 2, \cdots, L.\end{aligned} \tag{6.80}$$

因此，问题(6.78)是个凸问题.

### 6.3.2 鲁棒最优波束形成问题

假设信道向量具有不确定性，且它可以描述成 $\boldsymbol{h}_k = \bar{\boldsymbol{h}}_k + \boldsymbol{\delta}_k$，$k = 1$，2，$\cdots$，$K$，以及 $\boldsymbol{g}_l = \bar{\boldsymbol{g}}_l + \boldsymbol{\delta}_l'$，$l = 1$，2，$\cdots$，$L$. 其中，$\bar{\boldsymbol{h}}_k$ 与 $\bar{\boldsymbol{g}}_l$ 代表信道的估计值（已知），$\boldsymbol{\delta}_k$ 与 $\boldsymbol{\delta}_l'$ 分别是信道向量 $\boldsymbol{h}_k$ 与 $\boldsymbol{g}_l$ 的误差，且满足球约束 $\|\boldsymbol{\delta}_k\| \leqslant \epsilon_k$ 与 $\|\boldsymbol{\delta}_l'\| \leqslant \epsilon_l'$.

因此，基于最优波束形成问题(6.79)，建立鲁棒优化问题如下，

$$\begin{aligned}\min \quad & \sum_{k=1}^{K} \boldsymbol{w}_k^H \boldsymbol{w}_k \\ \text{s.t.} \quad & \boldsymbol{h}_k^H \left( \frac{\boldsymbol{w}_k \boldsymbol{w}_k^H}{\gamma_k} - \sum_{i \neq k} \boldsymbol{w}_i \boldsymbol{w}_i^H \right) \boldsymbol{h}_k \geqslant \sigma_k^2, \\ & \qquad \forall \boldsymbol{h}_k : \|\boldsymbol{h}_k - \bar{\boldsymbol{h}}_k\| \leqslant \epsilon_k, \ \forall k \\ & \boldsymbol{g}_l^H (\boldsymbol{w}_1 \boldsymbol{w}_1^H + \cdots + \boldsymbol{w}_K \boldsymbol{w}_K^H) \boldsymbol{g}_l \leqslant \eta_l, \\ & \qquad \forall \boldsymbol{g}_l : \|\boldsymbol{g}_l - \bar{\boldsymbol{g}}_l\| \leqslant \epsilon_l', \ \forall l.\end{aligned} \tag{6.81}$$

利用单个二次函数约束的复变量 $S$ 引理（定理 5.4.5），可以将上述问题化为一个二次矩阵不等式问题，即

$$\begin{aligned}
\min \quad & \sum_{k=1}^{K} \operatorname{tr} \boldsymbol{W}_k \\
\text{s.t.} \quad & \begin{bmatrix} \bar{\boldsymbol{W}}_k & \boldsymbol{0} \\ \boldsymbol{0} & -\sigma_k^2 \end{bmatrix} + \lambda_k \begin{bmatrix} \boldsymbol{I} & -\bar{\boldsymbol{h}}_k \\ -\bar{\boldsymbol{h}}_k^H & \bar{\boldsymbol{h}}_k^H \bar{\boldsymbol{h}}_k - \epsilon_k^2 \end{bmatrix} \succeq \boldsymbol{0}, \ \forall k \\
& \begin{bmatrix} -\hat{\boldsymbol{W}} & \boldsymbol{0} \\ \boldsymbol{0} & \eta_l \end{bmatrix} + \mu_l \begin{bmatrix} \boldsymbol{I} & -\bar{\boldsymbol{g}}_l \\ -\bar{\boldsymbol{g}}_l^H & \bar{\boldsymbol{g}}_l^H \bar{\boldsymbol{g}}_l - \epsilon_l'^2 \end{bmatrix} \succeq \boldsymbol{0}, \ \forall l \\
& \bar{\boldsymbol{W}}_k = \frac{\boldsymbol{W}_k}{\gamma_k} - \sum_{i \neq k} \boldsymbol{W}_i, \ \forall k \\
& \hat{\boldsymbol{W}} = \boldsymbol{W}_1 + \cdots + \boldsymbol{W}_K \\
& \boldsymbol{W}_k = \boldsymbol{w}_k \boldsymbol{w}_k^H, \ \lambda_k \geqslant 0, \ \forall k, \ \mu_l \geqslant 0, \ \forall l.
\end{aligned} \tag{6.82}$$

去掉秩一约束 $\boldsymbol{W}_k = \boldsymbol{w}_k \boldsymbol{w}_k^H$ 后，得到上述二次矩阵不等式问题的半正定松弛问题

$$\begin{aligned}
\min \quad & \sum_{k=1}^{K} \operatorname{tr} \boldsymbol{W}_k \\
\text{s.t.} \quad & \begin{bmatrix} \bar{\boldsymbol{W}}_k & \boldsymbol{0} \\ \boldsymbol{0} & -\sigma_k^2 \end{bmatrix} + \lambda_k \begin{bmatrix} \boldsymbol{I} & -\bar{\boldsymbol{h}}_k \\ -\bar{\boldsymbol{h}}_k^H & \bar{\boldsymbol{h}}_k^H \bar{\boldsymbol{h}}_k - \epsilon_k^2 \end{bmatrix} \succeq \boldsymbol{0}, \ \forall k \\
& \begin{bmatrix} -\hat{\boldsymbol{W}} & \boldsymbol{0} \\ \boldsymbol{0} & \eta_l \end{bmatrix} + \mu_l \begin{bmatrix} \boldsymbol{I} & -\bar{\boldsymbol{g}}_l \\ -\bar{\boldsymbol{g}}_l^H & \bar{\boldsymbol{g}}_l^H \bar{\boldsymbol{g}}_l - \epsilon_l'^2 \end{bmatrix} \succeq \boldsymbol{0}, \ \forall l \\
& \bar{\boldsymbol{W}}_k = \frac{\boldsymbol{W}_k}{\gamma_k} - \sum_{i \neq k} \boldsymbol{W}_i, \ \forall k \\
& \hat{\boldsymbol{W}} = \boldsymbol{W}_1 + \cdots + \boldsymbol{W}_K \\
& \boldsymbol{W}_k \succeq \boldsymbol{0}, \ \lambda_k \geqslant 0, \ \forall k, \ \mu_l \geqslant 0, \ \forall l.
\end{aligned} \tag{6.83}$$

虽然数值实验表明，在绝大多数情况下该半正定松弛问题具有秩一解（当然前提是该问题具有可行解），但是目前尚无理论上证明秩一解存在性的充分条件. 另外，考虑与最优波束形成问题(6.78)等价的问题 (6.80)，它的鲁棒优化形式

可以写成

$$
\begin{aligned}
\min \quad & \sum_{k=1}^{K} \boldsymbol{w}_k^H \boldsymbol{w}_k \\
\text{s.t.} \quad & \frac{\Re(\boldsymbol{h}_k^H \boldsymbol{w}_k)}{\sqrt{\gamma_k}} \geqslant \sqrt{\sum_{i \neq k} |\boldsymbol{h}_k^H \boldsymbol{w}_i|^2 + \sigma_k^2}, \\
& \qquad \forall \boldsymbol{h}_k : \|\boldsymbol{h}_k - \bar{\boldsymbol{h}}_k\| \leqslant \epsilon_k, \ \forall k \\
& \sqrt{\boldsymbol{g}_l^H (\boldsymbol{w}_1 \boldsymbol{w}_1^H + \cdots + \boldsymbol{w}_K \boldsymbol{w}_K^H) \boldsymbol{g}_l} \leqslant \sqrt{\eta_l}, \\
& \qquad \forall \boldsymbol{g}_l : \|\boldsymbol{g}_l - \bar{\boldsymbol{g}}_l\| \leqslant \epsilon_l', \ \forall l.
\end{aligned}
\tag{6.84}
$$

这时，问题(6.81)和问题(6.84)不再等价，且后者的可行集包含在前者的可行集内 [问题(6.84)是问题(6.81)的内部逼近]，因此，后者的最优值（即基站的发射总功率）将大于前者的最优值（大量数值实验表明二者差距不大）. 尽管这样，可以证明后者具有一个等价的有限个约束的凸问题（而前者只存在凸松弛）. 证明这个结论需用到一个新的鲁棒优化工具. 下面具体研究鲁棒二阶锥规划问题(6.84).

### 6.3.3 鲁棒二阶锥规划问题第一组约束的等价凸表示

首先，将鲁棒二阶锥规划问题(6.84)改写为

$$
\begin{aligned}
\min \quad & \sum_{k=1}^{K} \boldsymbol{w}_k^H \boldsymbol{w}_k \\
\text{s.t.} \quad & \frac{\Re((\bar{\boldsymbol{h}}_k + \boldsymbol{\delta}_k)^H \boldsymbol{w}_k)}{\sqrt{\gamma_k}} \geqslant \sqrt{\sum_{i \neq k} |(\bar{\boldsymbol{h}}_k + \boldsymbol{\delta}_k)^H \boldsymbol{w}_i|^2 + \sigma_k^2}, \\
& \qquad \forall \boldsymbol{\delta}_k : \|\boldsymbol{\delta}_k\| \leqslant \epsilon_k, \ \forall k \\
& \sqrt{(\bar{\boldsymbol{g}}_l + \boldsymbol{\delta}_l')^H (\boldsymbol{w}_1 \boldsymbol{w}_1^H + \cdots + \boldsymbol{w}_K \boldsymbol{w}_K^H)(\bar{\boldsymbol{g}}_l + \boldsymbol{\delta}_l')} \leqslant \sqrt{\eta_l}, \\
& \qquad \forall \boldsymbol{\delta}_l' : \|\boldsymbol{\delta}_l'\| \leqslant \epsilon_l', \ \forall l.
\end{aligned}
\tag{6.85}
$$

它的第一组约束是个鲁棒二阶锥约束

$$
\frac{\Re((\bar{\boldsymbol{h}}_k + \boldsymbol{\delta}_k)^H \boldsymbol{w}_k)}{\sqrt{\gamma_k}} \geqslant \sqrt{\sum_{i \neq k} |(\bar{\boldsymbol{h}}_k + \boldsymbol{\delta}_k)^H \boldsymbol{w}_i|^2 + \sigma_k^2}, \ \forall \boldsymbol{\delta}_k : \|\boldsymbol{\delta}_k\| \leqslant \epsilon_k,
$$
$$
k = 1, 2, \cdots, K, \tag{6.86}
$$

并且不确定集合也是一个二阶锥约束所定义的集合.

为了把式(6.86)改写为单一的线性矩阵不等式形式，先定义几个符号. 记 $\boldsymbol{w}_k = \Re\boldsymbol{w}_k + j\Im\boldsymbol{w}_k \in \mathbb{C}^N$ 的实部与虚部分别为

$$\boldsymbol{w}_{k1} = \Re\boldsymbol{w}_k，\ \boldsymbol{w}_{k2} = \Im\boldsymbol{w}_k，\ k = 1，2，\cdots，K. \tag{6.87}$$

类似地，$\bar{\boldsymbol{h}}_k = \bar{\boldsymbol{h}}_{k1} + j\bar{\boldsymbol{h}}_{k2}$，$\boldsymbol{\delta}_k = \boldsymbol{\delta}_{k1} + j\boldsymbol{\delta}_{k2}$.

设

$$\boldsymbol{W}_{-k,\,1} = [\boldsymbol{w}_{11}，\ \cdots，\ \boldsymbol{w}_{k-1,\,1}，\ \boldsymbol{w}_{k+1,\,1}，\ \cdots，\ \boldsymbol{w}_{K1}] \in \mathbb{R}^{N\times(K-1)}. \tag{6.88}$$

如此，$\boldsymbol{W}_{-k,\,2} \in \mathbb{R}^{N\times(K-1)}$ 与 $\boldsymbol{W}_{-k} \in \mathbb{C}^{N\times(K-1)}$ 也可以类似地定义. 记

$$\boldsymbol{C}_k^T(\boldsymbol{w}_k，\ \boldsymbol{W}_{-k}) = \begin{bmatrix} \dfrac{1}{\sqrt{\gamma_k}}\boldsymbol{w}_{k1} & \boldsymbol{W}_{-k,\,1} & \boldsymbol{W}_{-k,\,2} & \boldsymbol{0} \\ \dfrac{1}{\sqrt{\gamma_k}}\boldsymbol{w}_{k2} & \boldsymbol{W}_{-k,\,2} & -\boldsymbol{W}_{-k,\,1} & \boldsymbol{0} \end{bmatrix} \in \mathbb{R}^{2N\times 2K}, \tag{6.89}$$

以及

$$\boldsymbol{c}_k^T(\boldsymbol{w}_k，\ \boldsymbol{W}_{-k}) = [\bar{\boldsymbol{h}}_{k1}^T，\ \bar{\boldsymbol{h}}_{k2}^T]\boldsymbol{C}_k^T(\boldsymbol{w}_{k1}，\ \boldsymbol{W}_{-k}) + [0，\ \cdots，\ 0，\ \sigma_k] \in \mathbb{R}^{2K}. \tag{6.90}$$

所以，式(6.86)可转化为

$$\boldsymbol{C}_k(\boldsymbol{w}_k，\ \boldsymbol{W}_{-k})\left(\begin{bmatrix} \bar{\boldsymbol{h}}_{k1} \\ \bar{\boldsymbol{h}}_{k2} \end{bmatrix} + \begin{bmatrix} \boldsymbol{\delta}_{k1} \\ \boldsymbol{\delta}_{k2} \end{bmatrix}\right) + \begin{bmatrix} \boldsymbol{0} \\ \sigma_k \end{bmatrix} \in \mathbb{L}^{2K},$$
$$\forall \left\| \begin{bmatrix} \boldsymbol{\delta}_{k1} \\ \boldsymbol{\delta}_{k2} \end{bmatrix} \right\| \leqslant \epsilon_k. \tag{6.91}$$

其中，$\mathbb{L}^{2K}$ 代表 $2K$ 维二阶锥. 式(6.91)进一步写成

$$\boldsymbol{C}_k(\boldsymbol{w}_k，\ \boldsymbol{W}_{-k}) \begin{bmatrix} \boldsymbol{\delta}_{k1} \\ \boldsymbol{\delta}_{k2} \end{bmatrix} + \boldsymbol{c}_k(\boldsymbol{w}_k，\ \boldsymbol{W}_{-k}) \in \mathbb{L}^{2K},$$
$$\forall \left\| \begin{bmatrix} \boldsymbol{\delta}_{k1} \\ \boldsymbol{\delta}_{k2} \end{bmatrix} \right\| \leqslant \epsilon_k. \tag{6.92}$$

注意：$\boldsymbol{C}_k(\boldsymbol{w}_k, \boldsymbol{W}_{-k})$ 与 $\boldsymbol{c}_k(\boldsymbol{w}_k, \boldsymbol{W}_{-k})$ 都是关于 $\{\boldsymbol{w}_k\}$ 的仿射函数.

为简单起见，将 $\boldsymbol{C}_k(\boldsymbol{w}_k, \boldsymbol{W}_{-k})$ 和 $\boldsymbol{c}_k(\boldsymbol{w}_k, \boldsymbol{W}_{-k})$ 分别简写为 $\boldsymbol{C}_k$ 与 $\boldsymbol{c}_k$，则式(6.92)可改写成

$$[\boldsymbol{c}_k, \ \boldsymbol{C}_k]\begin{bmatrix} 1 \\ \boldsymbol{\delta}_{k1} \\ \boldsymbol{\delta}_{k2} \end{bmatrix} \in \mathbb{L}^{2K}, \ \forall \begin{bmatrix} \epsilon_k \\ \boldsymbol{\delta}_{k1} \\ \boldsymbol{\delta}_{k2} \end{bmatrix} \in \mathbb{L}^{2N+1}. \tag{6.93}$$

显然，它等价于

$$[\boldsymbol{c}_k, \ \epsilon_k \boldsymbol{C}_k]\begin{bmatrix} 1 \\ \boldsymbol{\delta}_{k1} \\ \boldsymbol{\delta}_{k2} \end{bmatrix} \in \mathbb{L}^{2K}, \ \forall \begin{bmatrix} 1 \\ \boldsymbol{\delta}_{k1} \\ \boldsymbol{\delta}_{k2} \end{bmatrix} \in \mathbb{L}^{2N+1}. \tag{6.94}$$

则式(6.94)进一步等同于

$$[\boldsymbol{c}_k, \ \epsilon_k \boldsymbol{C}_k]\begin{bmatrix} \alpha_k \\ \boldsymbol{\delta}_{k1} \\ \boldsymbol{\delta}_{k2} \end{bmatrix} \in \mathbb{L}^{2K}, \ \forall \begin{bmatrix} \alpha_k \\ \boldsymbol{\delta}_{k1} \\ \boldsymbol{\delta}_{k2} \end{bmatrix} \in \mathbb{L}^{2N+1}. \tag{6.95}$$

事实上，由式(6.95)推出式(6.94)是容易的. 现假设式(6.94)成立，且 $[\alpha_k, \boldsymbol{\delta}_{k1}^T, \boldsymbol{\delta}_{k2}^T]^T \in \mathbb{L}^{2N+1}$. 若 $\alpha_k = 0$，那么 $\boldsymbol{\delta}_{k1} = \boldsymbol{\delta}_{k2} = \boldsymbol{0}$. 显然，此时式(6.95)成立. 若 $\alpha_k \neq 0$，那么 $[1, \boldsymbol{\delta}_{k1}^T/\alpha_k, \boldsymbol{\delta}_{k2}^T/\alpha_k]^T \in \mathbb{L}^{2N+1}$. 再由式(6.94)可断定：

$$[\boldsymbol{c}_k, \ \epsilon_k \boldsymbol{C}_k]\begin{bmatrix} 1 \\ \boldsymbol{\delta}_{k1}/\alpha_k \\ \boldsymbol{\delta}_{k2}/\alpha_k \end{bmatrix} \in \mathbb{L}^{2K}. \tag{6.96}$$

因此，有

$$[\boldsymbol{c}_k, \ \epsilon_k \boldsymbol{C}_k]\begin{bmatrix} \alpha_k \\ \boldsymbol{\delta}_{k1} \\ \boldsymbol{\delta}_{k2} \end{bmatrix} \in \mathbb{L}^{2K}. \tag{6.97}$$

这意味着式(6.95)成立.

令

$$\tilde{\boldsymbol{\delta}_k} = \begin{bmatrix} \alpha_k \\ \boldsymbol{\delta}_{k1} \\ \boldsymbol{\delta}_{k2} \end{bmatrix} \tag{6.98}$$

和

$$\boldsymbol{B}_k = [\boldsymbol{c}_k,\ \epsilon_k \boldsymbol{C}_k] \in \mathbb{R}^{2K\times(2N+1)}. \tag{6.99}$$

式(6.99)意味着

$$\boldsymbol{B}_k(\boldsymbol{w}_k,\ \boldsymbol{W}_{-k}) = [\boldsymbol{c}_k(\boldsymbol{w}_k,\ \boldsymbol{W}_{-k}),\ \epsilon_k \boldsymbol{C}_k(\boldsymbol{w}_k,\ \boldsymbol{W}_{-k})] \in \mathbb{R}^{2K\times(2N+1)}. \tag{6.100}$$

换言之，$\boldsymbol{B}_k(\boldsymbol{w}_k,\ \boldsymbol{W}_{-k})$ 也是关于 $\{\boldsymbol{w}_k\}$ 的仿射函数. 因此，式(6.95)可重写为

$$\boldsymbol{B}_k(\boldsymbol{w}_k,\ \boldsymbol{W}_{-k})\tilde{\boldsymbol{\delta}_k} \in \mathbb{L}^{2K},\ \forall \tilde{\boldsymbol{\delta}_k} \in \mathbb{L}^{2N+1}. \tag{6.101}$$

也就是说,鲁棒二阶锥约束(6.86)与式(6.101)相互等价. 注意:$\boldsymbol{B}_k(\boldsymbol{w}_k,\ \boldsymbol{W}_{-k}) = \boldsymbol{B}_k \in \mathbb{R}^{2K\times(2N+1)}$，且 $\boldsymbol{B}_k : \mathbb{L}^{2N+1} \to \mathbb{L}^{2K}$ 是一个线性映射.

因此，这样映射（矩阵）的全体定义为

$$\mathcal{B} = \{\boldsymbol{B}_k \in \mathbb{R}^{2K\times(2N+1)} \mid \boldsymbol{B}_k \boldsymbol{y}_k \in \mathbb{L}^{2K},\ \forall \boldsymbol{y}_k \in \mathbb{L}^{2N+1}\}. \tag{6.102}$$

由于二阶锥是自对偶的，即 $\mathbb{L}^{2K} = (\mathbb{L}^{2K})^*$，因此，$\boldsymbol{B}_k \boldsymbol{y}_k \in \mathbb{L}^{2K}$ 等价于 $\boldsymbol{x}_k^T \boldsymbol{B}_k \boldsymbol{y}_k \geqslant 0$，$\forall \boldsymbol{x}_k \in \mathbb{L}^{2K}$. 亦即

$$\mathcal{B} = \{\boldsymbol{B}_k \in \mathbb{R}^{2K\times(2N+1)} \mid \boldsymbol{x}_k^T \boldsymbol{B}_k \boldsymbol{y}_k \geqslant 0,\ \forall \boldsymbol{x}_k \in \mathbb{L}^{2K},\ \forall \boldsymbol{y}_k \in \mathbb{L}^{2N+1}\}. \tag{6.103}$$

$\boldsymbol{B}_k \in \mathcal{B}$ 称为 Lorentz-正映射. 因此，满足式(6.101)的 $\boldsymbol{B}_k$ 是 Lorentz-正映射，即式(6.86)等价于 $\boldsymbol{B}_k \in \mathcal{B}$.

显然，$\mathcal{B}$ 是一个闭凸锥. 根据文献 [34] 定理 5.6，该闭凸锥可由单一的线性矩阵不等式刻画. 因此，条件(6.86)等价于一个线性矩阵不等式. 为了推导该线性矩阵不等式，需要引入一些概念.

### 6.3.4 Lorentz-正映射的等价线性矩阵不等式形式

记 $\mathcal{S}^N$ 为 $N\times N$ 实对称矩阵的全体，$\mathcal{A}^N$ 为 $N\times N$ 实的反对称矩阵的全体（即 $\boldsymbol{A} \in \mathcal{A}^N$ 意味着 $\boldsymbol{A} = -\boldsymbol{A}^T$）. 显然，对于 $\boldsymbol{A} \in \mathcal{A}^N$ 与 $\boldsymbol{B} \in \mathcal{S}^N$，则

有 $\mathrm{tr}\,(\boldsymbol{AB})=0$. 注意，$\mathcal{S}^N$ 是对应于 $N(N+1)/2$ 维实数空间，而 $\mathcal{A}^N$ 则对应于 $N(N-1)/2$ 维实数空间，记 $\mathcal{L}_{L,\ M}$ 为以下 $LM(L+1)(M+1)/4$ 维子空间，

$$\mathcal{L}_{L,\ M}=\left\{\boldsymbol{M}=\begin{bmatrix}\boldsymbol{M}_{11} & \cdots & \boldsymbol{M}_{1L}\\ \vdots & \ddots & \vdots\\ \boldsymbol{M}_{L1} & \cdots & \boldsymbol{M}_{LL}\end{bmatrix}\in\mathcal{S}^{LM}\mid \boldsymbol{M}_{ln}\in\mathcal{S}^M\right\}. \tag{6.104}$$

因此，$\mathcal{L}_{L,\ M}$ 是 $\mathcal{S}^{LM}$ 的子空间，且它的正交互补空间是以下 $LM(L-1)(M-1)/4$ 维子空间

$$\mathcal{L}_{L,\ M}^{\perp}=\left\{\boldsymbol{M}=\begin{bmatrix}\boldsymbol{M}_{11} & \cdots & \boldsymbol{M}_{1L}\\ \vdots & \ddots & \vdots\\ \boldsymbol{M}_{L1} & \cdots & \boldsymbol{M}_{LL}\end{bmatrix}\in\mathcal{S}^{LM}\mid \boldsymbol{M}_{ln}\in\mathcal{A}^M\right\}. \tag{6.105}$$

换言之，$\mathcal{S}^{LM}=\mathcal{L}_{L,\ M}\oplus\mathcal{L}_{L,\ M}^{\perp}$，这里 $\oplus$ 代表直和. 由此立即可见

$$\mathcal{A}^L\otimes\mathcal{A}^M\subseteq\mathcal{L}_{L,\ M}^{\perp}. \tag{6.106}$$

假设 $\boldsymbol{a}=[a_1,\ \cdots,\ a_M]^T$，且 $M\geqslant 3$. 则 $\boldsymbol{a}\in\mathbb{L}^M$ 等价于以下箭形矩阵（即半正定矩阵）

$$\boldsymbol{A}(\boldsymbol{a})=\begin{bmatrix}a_1+a_2 & a_3 & a_4 & \cdots & a_M\\ a_3 & a_1-a_2 & 0 & \cdots & 0\\ a_4 & 0 & a_1-a_2 & \cdots & 0\\ \vdots & \vdots & \vdots & \ddots & \vdots\\ a_M & 0 & 0 & \cdots & a_1-a_2\end{bmatrix}\in\mathcal{S}_+^{M-1}. \tag{6.107}$$

事实上，假设 $\boldsymbol{a}\in\mathbb{L}^M$. 那么 $a_1\geqslant\sqrt{a_2^2+\cdots+a_M^2}\geqslant|a_2|$，即 $a_1\pm a_2\geqslant 0$. 如果 $a_1=|a_2|$，则 $a_3=\cdots=a_M=0$. 因此立即可知该箭形矩阵是半正定的. 如果 $a_1>|a_2|$，那么 $a_1^2-a_2^2=(a_1+a_2)(a_1-a_2)\geqslant a_3^2+\cdots+a_M^2$. 再由舒尔互补引理可知，式(6.107)中的矩阵是半正定的. 反之，假设式(6.107)中的矩阵是半正定的，类似地分 $a_1=|a_2|$ 和 $a_1>|a_2|$ 两种情况讨论，可证明 $\boldsymbol{a}\in\mathbb{L}^M$.

假设矩阵 $\boldsymbol{G} \in \mathbb{R}^{L\times M}$，且 $\boldsymbol{G}^T = [\boldsymbol{g}_1, \cdots, \boldsymbol{g}_L]$，即 $\boldsymbol{g}_l^T \in \mathbb{R}^M$ 是 $\boldsymbol{G}$ 的第 $l$ 行. 则 $\boldsymbol{A}(\boldsymbol{g}_l)$ 是由 $\boldsymbol{g}_l$ 展开的箭形矩阵. 设 $\hat{\boldsymbol{A}}(\boldsymbol{G})$ 是由 $L$ 个箭形矩阵 $[\boldsymbol{A}(\boldsymbol{g}_1), \cdots, \boldsymbol{A}(\boldsymbol{g}_L)]$ 展开的另一个箭形矩阵（假设 $L \geqslant 3$），即

$$\hat{\boldsymbol{A}}(\boldsymbol{G}) = \begin{bmatrix} \boldsymbol{A}(\boldsymbol{g}_0) & \boldsymbol{A}(\boldsymbol{g}_3) & \boldsymbol{A}(\boldsymbol{g}_4) & \cdots & \boldsymbol{A}(\boldsymbol{g}_L) \\ \boldsymbol{A}(\boldsymbol{g}_3) & \boldsymbol{A}(\boldsymbol{g}_{-1}) & \boldsymbol{0} & \cdots & \boldsymbol{0} \\ \boldsymbol{A}(\boldsymbol{g}_4) & \boldsymbol{0} & \boldsymbol{A}(\boldsymbol{g}_{-1}) & \cdots & \boldsymbol{0} \\ \vdots & \vdots & \vdots & \ddots & \vdots \\ \boldsymbol{A}(\boldsymbol{g}_L) & \boldsymbol{0} & \boldsymbol{0} & \cdots & \boldsymbol{A}(\boldsymbol{g}_{-1}) \end{bmatrix} \in \mathcal{L}_{L-1,\ M-1}. \tag{6.108}$$

其中，$\boldsymbol{A}(\boldsymbol{g}_0) = \boldsymbol{A}(\boldsymbol{g}_1 + \boldsymbol{g}_2) = \boldsymbol{A}(\boldsymbol{g}_1) + \boldsymbol{A}(\boldsymbol{g}_2)$ 和 $\boldsymbol{A}(\boldsymbol{g}_{-1}) = \boldsymbol{A}(\boldsymbol{g}_1 - \boldsymbol{g}_2) = \boldsymbol{A}(\boldsymbol{g}_1) - \boldsymbol{A}(\boldsymbol{g}_2)$. 易验证,

$$\hat{\boldsymbol{A}}(\boldsymbol{b}\boldsymbol{a}^T) = \boldsymbol{A}(\boldsymbol{b}) \otimes \boldsymbol{A}(\boldsymbol{a}),\ \ \boldsymbol{b} \in \mathbb{R}^L,\ \ \boldsymbol{a} \in \mathbb{R}^M \tag{6.109}$$

与

$$\hat{\boldsymbol{A}}(\boldsymbol{G}_1 + \boldsymbol{G}_2) = \hat{\boldsymbol{A}}(\boldsymbol{G}_1) + \hat{\boldsymbol{A}}(\boldsymbol{G}_2),\ \ \boldsymbol{G}_1,\ \boldsymbol{G}_2 \in \mathbb{R}^{L\times M}. \tag{6.110}$$

记 $\boldsymbol{G}$ 的奇异值分解为 $\sum\limits_{m=1}^{M} \boldsymbol{b}_m \boldsymbol{a}_m^T$，这里 $\boldsymbol{b}_m \in \mathbb{R}^L$，$\boldsymbol{a}_m \in \mathbb{R}^M$. 因此易见，$\hat{\boldsymbol{A}}(\boldsymbol{G})$ 等于将 $b_l a_m$ 改为 $G_{lm}$ 的 $\hat{\boldsymbol{A}}(\boldsymbol{b}\boldsymbol{a}^T)$.

有了上述的记号与性质，可以引用文献 [34] 定理 5.6 如下.

**引理 6.3.1** 假设 $\min\{L, M\} \geqslant 3$. 那么 $\boldsymbol{G} \in \mathbb{R}^{L\times M}$ 是 Lorentz-正映射，当且仅当存在 $\boldsymbol{X} \in \mathcal{A}^{L-1} \otimes \mathcal{A}^{M-1}$ 使得

$$\hat{\boldsymbol{A}}(\boldsymbol{G}) + \boldsymbol{X} \succeq \boldsymbol{0} \left(\in \mathcal{S}_+^{(L-1)(M-1)}\right). \tag{6.111}$$

由引理 6.3.1可进一步得到如下定理（见文献 [2] 定理 6.5.1）.

**定理 6.3.1** 假设 $\min\{L, M\} \geqslant 3$. 那么 $\boldsymbol{G} \in \mathbb{R}^{L\times M}$ 是 Lorentz-正映射，当且仅当

$$\hat{\boldsymbol{A}}(\boldsymbol{G}) \in \mathcal{S}_+^{(L-1)(M-1)} + \mathcal{L}_{L-1,\ M-1}^{\perp}. \tag{6.112}$$

注意，条件(6.112)也等价于存在 $\boldsymbol{X} \in \mathcal{L}_{L-1,\ M-1}^{\perp}$ 使得 $\hat{\boldsymbol{A}}(\boldsymbol{G}) + \boldsymbol{X} \succeq \boldsymbol{0}$. 因此，根据式(6.102) 或式(6.103)，$\boldsymbol{B}_k \in \mathbb{R}^{2K\times(2N+1)}$ 是 Lorentz-正映射，当且

仅当存在 $\boldsymbol{X}_k \in \mathcal{L}^{\perp}_{2K-1,\ 2N}$ 使得

$$\hat{\boldsymbol{A}}(\boldsymbol{B}_k) + \boldsymbol{X}_k \succeq \boldsymbol{0} \left(\in \mathcal{S}_{+}^{2(2K-1)N}\right). \tag{6.113}$$

这里，$\hat{\boldsymbol{A}}(\boldsymbol{B}_k)$ 是关于 $\boldsymbol{B}_k$ 的仿射函数 [由式(6.108)即知]，而 $\boldsymbol{B}_k = \boldsymbol{B}_k(\boldsymbol{w}_k，\boldsymbol{W}_{-k}) = [\boldsymbol{c}_k(\boldsymbol{w}_k，\boldsymbol{W}_{-k})，\ \epsilon_k \boldsymbol{C}_k(\boldsymbol{w}_k，\boldsymbol{W}_{-k})]$，因此，$\hat{\boldsymbol{A}}(\boldsymbol{B}_k)$ 是关于 $\{\boldsymbol{w}_k\}$ 的仿射函数，并且式(6.113)是关于 $\{\boldsymbol{w}_k\}$ 的线性矩阵不等式. 这就推出了与鲁棒二阶锥规划问题(6.85)第一组约束等价的线性矩阵不等式.

### 6.3.5 鲁棒二阶锥规划问题第二组约束的等价凸表示

问题(6.85)的第二组约束为

$$\sqrt{(\bar{\boldsymbol{g}}_l + \boldsymbol{\delta}'_l)^H (\boldsymbol{w}_1 \boldsymbol{w}_1^H + \cdots + \boldsymbol{w}_K \boldsymbol{w}_K^H)(\bar{\boldsymbol{g}}_l + \boldsymbol{\delta}'_l)} \leqslant \sqrt{\eta_l}，\quad \forall \boldsymbol{\delta}'_l : \|\boldsymbol{\delta}'_l\| \leqslant \epsilon'_l，\ \forall l. \tag{6.114}$$

记

$$\boldsymbol{W} = [\boldsymbol{w}_1，\ \cdots，\ \boldsymbol{w}_K]. \tag{6.115}$$

为了符号简洁，不妨把 $\boldsymbol{\delta}'_l$ 改成 $\boldsymbol{\delta}_l$，把 $\epsilon'_l$ 改成 $\epsilon_l$. 于是，条件式(6.114)等价于

$$\|\boldsymbol{W}^H(\bar{\boldsymbol{g}}_l + \boldsymbol{\delta}_l)\| \leqslant \sqrt{\eta_l}，\ \forall \boldsymbol{\delta}_l : \boldsymbol{\delta}_l^H \boldsymbol{\delta}_l \leqslant \epsilon_l^2，\ \forall l. \tag{6.116}$$

由舒尔互补引理可知，条件式(6.116)进一步等价于

$$\begin{bmatrix} \eta_l \boldsymbol{I} & \boldsymbol{W}^H(\bar{\boldsymbol{g}}_l + \boldsymbol{\delta}_l) \\ (\bar{\boldsymbol{g}}_l + \boldsymbol{\delta}_l)^H \boldsymbol{W} & 1 \end{bmatrix} \succeq \boldsymbol{0}，\ \forall \boldsymbol{\delta}_l : \boldsymbol{\delta}_l^H \boldsymbol{\delta}_l \leqslant \epsilon_l^2，\ \forall l. \tag{6.117}$$

注意，式(6.117)是以下鲁棒二次矩阵不等式约束的特殊形式

$$\begin{bmatrix} \boldsymbol{H}_1 & \boldsymbol{H}_2 + \boldsymbol{H}_3 \boldsymbol{X} \\ (\boldsymbol{H}_2 + \boldsymbol{H}_3 \boldsymbol{X})^H & \boldsymbol{H}_4 + \boldsymbol{H}_5 \boldsymbol{X} + (\boldsymbol{H}_5 \boldsymbol{X})^H + \boldsymbol{X}^H \boldsymbol{H}_6 \boldsymbol{X} \end{bmatrix} \succeq \boldsymbol{0}，\quad \forall \boldsymbol{X} : \mathrm{tr}\,(\boldsymbol{D} \boldsymbol{X} \boldsymbol{X}^H) \leqslant 1. \tag{6.118}$$

事实上，只需令 $\boldsymbol{X} = \boldsymbol{\delta}_l$，$\boldsymbol{D} = \boldsymbol{I}/\epsilon_l^2$，$\boldsymbol{H}_1 = \eta_l \boldsymbol{I}$，$\boldsymbol{H}_2 = \boldsymbol{W}^H \bar{\boldsymbol{g}}_l$，$\boldsymbol{H}_3 = \boldsymbol{W}^H$，$\boldsymbol{H}_4 = 1$，$\boldsymbol{H}_5 = \boldsymbol{0}$，$\boldsymbol{H}_6 = \boldsymbol{0}$. 根据定理 5.4.9，条件式(6.117)等同于存在 $\lambda_l \geqslant 0$

使得

$$\begin{bmatrix} \eta_l \boldsymbol{I} & \boldsymbol{W}^H \bar{\boldsymbol{g}}_l & \boldsymbol{W}^H \\ \bar{\boldsymbol{g}}_l^H \boldsymbol{W} & 1 & \boldsymbol{0} \\ \boldsymbol{W} & \boldsymbol{0} & \boldsymbol{0} \end{bmatrix} - \lambda_l \begin{bmatrix} \boldsymbol{0} & \boldsymbol{0} & \boldsymbol{0} \\ \boldsymbol{0} & 1 & \boldsymbol{0} \\ \boldsymbol{0} & \boldsymbol{0} & -\boldsymbol{I}/\epsilon_l^2 \end{bmatrix} \succeq \boldsymbol{0}$$

$$\left(\in \mathcal{H}_+^{N+K+1}\right), \quad \forall l. \tag{6.119}$$

显然，它是关于 $\boldsymbol{W}$ 与 $\lambda_l$ 的线性矩阵不等式. 所以，鲁棒二阶锥规划问题(6.85)第二组约束(6.114)等价于式(6.119). 另外，式(6.119)又可改写为

$$\begin{bmatrix} \eta_l \boldsymbol{I} & \boldsymbol{W}^H & \boldsymbol{W}^H \bar{\boldsymbol{g}}_l \\ \boldsymbol{W} & \lambda_l \boldsymbol{I}/\epsilon_l^2 & \boldsymbol{0} \\ \bar{\boldsymbol{g}}_l^H \boldsymbol{W} & \boldsymbol{0} & 1-\lambda_l \end{bmatrix} \succeq \boldsymbol{0}, \quad \forall l. \tag{6.120}$$

结合式(6.113)与式(6.120)可知，鲁棒二阶锥规划问题(6.85)等价于

$$\begin{aligned} \min \quad & \sum_{k=1}^{K} \boldsymbol{w}_k^H \boldsymbol{w}_k \\ \text{s.t.} \quad & \hat{\boldsymbol{A}}(\boldsymbol{B}_k(\boldsymbol{w}_k, \boldsymbol{W}_{-k})) + \boldsymbol{X}_k \succeq \boldsymbol{0}, \quad k=1, 2, \cdots, K \\ & \begin{bmatrix} \eta_l \boldsymbol{I} & \boldsymbol{W}^H & \boldsymbol{W}^H \bar{\boldsymbol{g}}_l \\ \boldsymbol{W} & \lambda_l \boldsymbol{I}/\epsilon_l^2 & \boldsymbol{0} \\ \bar{\boldsymbol{g}}_l^H \boldsymbol{W} & \boldsymbol{0} & 1-\lambda_l \end{bmatrix} \succeq \boldsymbol{0}, \quad l=1, 2, \cdots, L \\ & \boldsymbol{X}_k \in \mathcal{L}_{2K-1,\ 2N}^{\perp}, \quad \forall k, \quad \lambda_l \geqslant 0, \quad \forall l. \end{aligned} \tag{6.121}$$

该问题的目标函数是凸的，而且可等价地改写成极小化 $t$，使得 $t \geqslant \sqrt{\sum_{k=1}^{K} \boldsymbol{w}_k^H \boldsymbol{w}_k}$，即

$$[t, \boldsymbol{w}_{11}^T, \boldsymbol{w}_{21}^T, \cdots, \boldsymbol{w}_{K1}^T, \boldsymbol{w}_{K2}^T]^T \in \mathbb{L}^{2KN+1}. \tag{6.122}$$

因此，问题(6.121)进一步化为

$$\begin{aligned} \min \quad & t \\ \text{s.t.} \quad & [t, \boldsymbol{w}_{11}^T, \boldsymbol{w}_{21}^T, \cdots, \boldsymbol{w}_{K1}^T, \boldsymbol{w}_{K2}^T]^T \in \mathbb{L}^{2KN+1} \end{aligned}$$

$$\hat{\boldsymbol{A}}(\boldsymbol{B}_k(\boldsymbol{w}_k,\ \boldsymbol{W}_{-k}))+\boldsymbol{X}_k\succeq\boldsymbol{0},\quad k=1,\ 2,\ \cdots,\ K \tag{6.123}$$

$$\begin{bmatrix} \eta_l\boldsymbol{I} & \boldsymbol{W}^H & \boldsymbol{W}^H\bar{\boldsymbol{g}}_l \\ \boldsymbol{W} & \lambda_l\boldsymbol{I}/\epsilon_l^2 & \boldsymbol{0} \\ \bar{\boldsymbol{g}}_l^H\boldsymbol{W} & \boldsymbol{0} & 1-\lambda_l \end{bmatrix}\succeq\boldsymbol{0},\quad l=1,\ 2,\ \cdots,\ L$$

$$\boldsymbol{X}_k\in\mathcal{L}_{2K-1,\ 2N}^{\perp},\quad\forall k,\quad\lambda_l\geqslant 0,\quad\forall l.$$

上述问题是一个线性锥规划问题. 因此，尽管问题的尺寸显得稍大一些，但是问题(6.123)仍然是可计算的凸问题，且是鲁棒二阶锥规划问题(6.84)的等价问题.

注意，问题(6.123)最优值的平方等于问题(6.121)的最优值（基站的发射总功率）.

# 参考文献


[1] Bertsimas D, Brown D B, Caramanis C. Theory and applications of robust optimization[J]. SIAM Review, 2011, 53(3): 464-501.

[2] Ben-Tal A, El Ghaoui L, Nemirovski A. Robust Optimization[M]. Princeton: Princeton University Press, 2009.

[3] Gorissen B L, Yanikoglu, den Hertog D. A practical guide to robust optimization[J]. Omega, 2015, 53: 124-137.

[4] Calafiore G C, El Ghaoui L. Optimization Models[M]. Cambridge: Cambridge University Press, 2014.

[5] CVX Research Inc. CVX: Matlab software for disciplined convexpro gramming, version2.0[R/OL]. [2021-01-29]. http: //cvxr.com/cvx.

[6] Luenberger D G. Investment Science[M]. New York: Oxford University Press, 1998.

[7] Feng Y, Palomar D P. A Signal Processing Perspective on Financial Engineering[M]. Hanover: Now Publisbers Inc., 2016.

[8] Vorobyov S A , Gershman A B , Luo Z Q. Robust adaptive beamforming using worst-case performance optimization: A solution to the signal mismatch problem[J]. IEEE Transactions on Signal Processing, 2003, 51(2): 313-324.

[9] Ben-Tal A, Nemirovski A. Lectures on Modern Convex Optimization: Analysis, Algorithms, and Engineering Applications[M]. Philadelphia: Mathematical Programming Society, 2001.

[10] Li J, Stoica P. Robust Adaptive Beamforming[M]. Hoboken: John Wiley, 2006.

[11] Huang Y, De Maio A, Zhang S. Semidefinite programming, matrix decomposition, and radar code design[M]//Polomar D P, Eldar Y C. Convex Optimization in Signal Processing and Communications. Cambridge: Cambridge University Press, 2010: 192-228.

[12] Huang Y, Palomar D P. Rank-constrained separable semidefinite programming with applications to optimal beamforming[J]. IEEE Transactions on Signal Processing, 2010, 58(2): 664-678.

[13] Huang Y, Fu H, Vorobyov S A, et al. Worst-case SINR maximization based robust adaptive beamforming problem with a nonconvex uncertainty set[C]//2019 IEEE 8th International Workshop on Computational Advances in Multi-Sensor Adaptive Processing (CAMSAP). IEEE, 2019: 31-35.

[14] Goldfarb D, Iyengar G. Robust portfolio selection problems[J]. Mathematics of Operations Research, 2003, 28(1): 1-38.

[15] Khabbazibasmenj A, Vorobyov S A. Robust adaptive beamforming for general-rank signal model with positive semi-definite constraint via POTDC[J]. IEEE Transactions on Signal Processing, 2013, 61(23): 6103-6117.

[16] Huang Y, Vorobyov S A. An inner SOCP approximate algorithm for robust adaptive beamforming for general-rank signal model[J]. IEEE Signal Processing Letters, 2018, 25(11): 1735-1739.

[17] Vorobyov S A, Chen H, Gershman A B. On the relationship between robust minimum variance beamformers with probabilistic and worst-case distortionless response constraints[J]. IEEE Transactions on Signal Processing, 2008, 56(11): 5719-5724.

[18] Andersen H H, Hojbjerre M, Sorensen D, et al. Linear and Graphical Models: For the Multivariate Complex Normal Distribution[M]. New York: Springer-Verlag, 1995.

[19] Fradkov A L, Yakubovich V A. Thes-procedure and duality relations in nonconvex problems of quadratic programming[J]. Vestnik Leningrad University, Leningrad, Russia, 1979 (1): 101-109.

[20] Yakubovich V A. S-procedure in nolinear control theory[J]. Vestnik Leningrad University, 1971, 1: 62-77.

[21] Sturm J F, Zhang S. On cones of nonnegative quadratic functions[J]. Mathematics of Operations Research, 2003, 28(2): 246-267.

[22] Huang Y, Zhang S. Complex matrix decomposition and quadratic programming[J]. Mathematics of Operations Research, 2007, 32(3): 758-768.

[23] Huang Y, Palomar D P. Randomized algorithms for optimal solutions of double-sided QCQP with applications in signal processing[J]. IEEE Transactions on Signal Processing, 2014, 62(5): 1093-1108.

[24] Rockafellar R T. Convex Analysis[M]. Princeton: Princeton University Press, 1970.

[25] Luo Z Q, Sturm J F, Zhang S. Multivariate nonnegative quadratic mappings[J]. SIAM Journal on Optimization, 2004, 14(4): 1140-1162.

[26] Huang Y, Li Q, Ma W K, et al. Robust multicast beamforming for spectrum sharing-based cognitive radios[J]. IEEE Transactions on Signal Processing, 2012, 60(1): 527-533.

[27] Ai W, Huang Y, Zhang S. New results on Hermitian matrix rank-one decomposition[J]. Mathematical Programming, 2011, 128(1): 253-283.

[28] Ai W, Huang Y, Zhang S. On the low rank solutions for linear matrix inequalities[J]. Mathematics of Operations Research, 2008, 33(4): 965-975.

[29] Ai W, Zhang S. Strong duality for the CDT subproblem: A necessary and sufficient condition[J]. SIAM Journal on Optimization, 2009, 19(4): 1735-1756.

[30] Duchi J. Optimization with uncertain data[Z/OL]. (2018-05-29)[2021-01-29]. https://web.stanford.edu/class/ee364b/lectures/robust_notes.pdf.

[31] Medra M, Huang Y, Ma W K, et al. Low-complexity robust MISO downlink precoder design under imperfect CSI[J]. IEEE Transactions on Signal Processing, 2016, 64(12): 3237-3249.

[32] Love D J, Heath R W, Strohmer T. Grassmannian beamforming for multiple-input multiple-output wireless systems[J]. IEEE Transactions on Information Theory, 2003, 49(10): 2735-2747.

[33] Huang Y, Palomar D P, Zhang S. Lorentz-positive maps and quadratic matrix inequalities with applications to robust MISO transmit beamforming[J]. IEEE Transactions on Signal Processing, 2013, 61(5): 1121-1130.

[34] Hildebrand R. An LMI description for the cone of Lorentz-positive maps II[J]. Linear and Multilinear Algebra, 2011, 59(7): 719-731.

# 索　引